僕の
日本みつばち
飼育記

里山は今日も蜂日和

安江三岐彦

合同フォレスト

はじめに　～飼育熱中人の誕生

日本みつばちは在来固有種の野生の蜂だ。和蜂《わばち》とか和蜜《わみつ》・山蜜《やまみつ》とも呼ばれている、小ぶりでおとなしい蜂だ。

人間は蜜を搾取し、花粉媒体昆虫として農作物の生産に蜂を役立ててきた歴史を振り返ると、人間の都合だけが見えるが、しかし、じつはそうでもなさそうだ。日本みつばちは、日本人と関わることで生きながらえてきたことがわかってきた。平安時代から養蜂されていた記録もある。

日本みつばちを洋蜂《ようばち》と比較すると、蜜の生産性（費用対効果）は低く、養蜂は明治時代に洋蜂種にとって替わられた。

＊養蜂の歴史については、一般社団法人日本養蜂協会ホームページを参照。

日本みつばちの悲運はここから始まっている。

天文物理学者のアインシュタインが、みつばちの役割をこう語ったとか。

「この世からみつばちが消えると、35万種の被子植物の8割が種子を残せなくなり、結果、食糧生産は停滞し人類は滅亡する」

　このくだりは、レイチェル・カーソンの『沈黙の春』にも書いてある。確かに、自分でみつばちを飼育してから、僕の菜園の野菜の実着きは確実によくなり、花粉媒体昆虫としてのみつばちは、蜜の生産とともに人間に大きく貢献していることは間違いはない。

　近年、日本みつばちを「幻の蜂」と呼ぶようになった背景は、近代化による環境悪化が複合的に絡んだ結果だが、さらに断じれば、それは、蜜源花の所有権を洋蜂に奪われた結果でもある。いま、日本みつばちは、洋蜂が闊歩《かっぽ》する蜜源花のすき間を細々と、それでも粘り強く生き延びている。

新作の蜂洞のモニュメントと筆者。

　僕は、6年前に老後を豊かに暮らす手段として日本みつばちに関わって生きると決めて以来、日本みつばちの飼育を趣味にして楽しんでいる。その延長線上で、日本みつばちが飛び交う地域を多くよみがえらせたいとも思うようになった。

　僕の師匠は定年後、趣味の日本み

つばち飼育を極めた仙石晃さん(喫茶リーベのマスター)と、竹馬の友の黒田義則さん(ヨッちゃん)の2人で、6年前に2人からプレゼントされた蜂の入った重箱の飼育箱で飼育が始まった。その後、横箱、丸洞飼育、巣枠式と興味が広がり、さまざまな飼育に挑む毎日である。

日本みつばちの飼育は、簡単だと言う人もいれば、むずかしいと言う人もいる。一言で語れないが、どちらも正しい。

4年前に、蜂の入った巣箱をある友人の家の敷地に置いた。この箱は、ほぼ置き放しだったが、翌春にその巣箱から4回分蜂するまで成長した。

師匠の仙石晃さん（右）と
黒田義則さん（左）。

一方で、串原の徳弘聡子さん（サトちゃん）は、1年半の間、玄関先の巣箱に通うみつばちを眺めただけで、後にこの巣箱から10kgを超える採蜜ができた。この2つの放任飼育の例がすべての飼育に通用するわけではないが、設置環境が整った一定の条件下なら飼育はむずかしいことではない例といえる。

本書は、僕が日本みつばちと暮らす日常を原稿にしていて、多くの自説を語っている。皆さんのご批判や誹《そし》りは免れぬものと承知の上だが、どうか、万一でも飼育の参考書と間違えて真似られないようにお願いしたい。これから飼育したいと思われる読者は、飼育熱中人の日常を垣間見るつもりで気楽にご笑読いただきたい。

僕が推薦したい参考書を、巻末に紹介するので、詳しくはこの3冊をご覧願いたい。

なお、巻末には「安江式用語解説」と題して、養蜂にまつわる僕流の用語解説を掲載した。参考にしていただければ幸いである。

結局のところ、日本みつばちの飼育とは、「楽しむ」もの。この一言に尽きる。

＜もくじ＞

第7章　遥かなる対馬　～ここは、日本みつばちの理想郷

第1章　分蜂　～分蜂を制することから飼育は始まる

1　春、愛好家が動き出す季節

森羅万象皆萌え出る春は、日本みつばち愛好家（蜂キチ）にとって待ち遠しかった分蜂の季節だ。年の瀬に師が走り出すように、蜂キチたちは4月になると走り出す。分蜂が始まる日は蜂キチの元旦だ。

「あんたらーが分蜂、分蜂と分蜂ばっかー気にする理由がわからへん。もうちょっと分蜂させせん勘考もせなあかんぜ。そやないと蜜は採れんぞー」

同世代の元養蜂家が、自信ありげに上から目線で指導する。

「糞味噌混ぜて、何を申すか無礼者。日本みつばちは、洋蜂と同じようにイカンですわい。蜜採る目的だけなら、拙者《せっしゃ》はとっくの昔に洋蜂に変えておる。野生蜂を知らん貴公に、余分なおせっかいを申される筋合いはない。帰られよ」

思わずこんなことを言いたくなるが、愛好家は言葉に出して争わない。笑って聞き流す。われわれは分蜂させせん勘考などしない。野生蜂は分蜂させて群を増やすに限る。蜜は少しだけおすそわけをもらえばよいのだ。その過程で起こる群の逃去に悲観もしない。修行を積めば、「逃去は自然帰り」と解することができる。

2 分蜂と逃去性を理解する

分蜂とは、新王（新女王）が生まれる前に、女王蜂が半分の蜂を連れて巣を出ることを指す。そして新たな場所で営巣を始める。その群を飼育箱に捕り込むことで飼育箱が増やせる。

つまり、愛好家にとって分蜂は飼育箱を増やす手段になる。飼育箱が多ければ採蜜量も多くなる理屈だが、理屈どおりにはならないのが日本みつばちだ。それに、飼育者の多くは蜜を採るためだけに増箱しているわけではない。

この蜂の特異な性質「逃去性」に対応するリスクヘッジは、分蜂捕りに熱中するほかはない。日本みつばちは気分を害すると、次の営巣場所へ逃去する。これは洋蜂にない特異な性質で、飼育箱すべての逃去を止める名人はまだ僕の前に現れない。

「逃去」とは「逃げて去る」と書くから消極的なイメージがあるが、彼女たちは積極的に逃去している。同じ場所で我慢するよりも、新しい場所でやり直す選択をする。

長いものに巻かれて卑屈に生きるよりも、清々しくていい。「逃去」とは、「場所変えリセット」と言い換えてもいい。

訪花するみつばちが飛び交う、分蜂間近の成瀬さんの茶園「瑞芳園」（４月）。

秋の深まった3年前の11月だった。快調に飼育を続けていた僕の師匠たちは、増えて余った一群を瑞浪《みずなみ》市日吉町にある成瀬三郎さんの茶園に届けた。そして僕と成瀬さんを引き合わせ、「これからの飼育法は安江さんに聞けばいいでしょう」と言った。ここから成瀬さんと濃く熱いメール交換が始まった。折に触れて、成瀬さんとのメールのやり取りを紹介する。

3　師匠と名人の違い

ここで、仲間内で飛び交う「師匠」と「名人」の違いを説明しておこう。

われわれは知識を身に付けた上

で、身近に教えを乞う人をつくり、尊敬の念を込め「師匠」と呼ぶ。この世界は1人の新米に1人の師匠がつくから、飼育者の半分は師匠になる。同好会の会合のあちこちで「師匠」「師匠」と連呼され、振り向けば、僕を呼んでいたわけではないと苦笑する。師匠の定義は、弟子より一足早い飼育歴があればよい。ついでに友情と信頼があれば成り立つ。「師匠です」と紹介すれば、他人が口をはさむ余地はなく、当事者の合意で成り立つ制度だ。僕には2人の師匠がいて、数人が僕のことを師匠と呼ぶ。

一方、「名人」の定義は厳しい。師匠なんぞは足元にも及ばない。まず、一同が認める人格者で、他人が真似られない際立つ技術や経験を積んだ人でなければならない。一分野に秀でたその人が、尊敬の念を込めて名人と呼ばれる。

われわれの唯一の名人は平山龍馬さん（85歳）だ。平山名人が経験し蓄積した山中飼育の技術は、誰も乗り越えられない。平山名人もいくつかの場面で登場することになろう。

4　分蜂の兆候を見極める

分蜂は突如始まるわけではない。その兆候を見極めることが肝心だ。

分蜂は桜前線とともに、低地から高地へと進む。２００ｍの高度差は、平均すれば3日から1週間分蜂が遅れるのが普通だが、群の個体差や越冬後の巣箱の立ち上げ次第で例外もある。初分蜂の目安は「桜の開花2週間後」「葉桜になったころ」「エンドウの初花が咲いたとき」などといわれる。

桜の開花前後になると、巣門《すもん》に向かう孵化した多くの新蜂のホバリングが見られるようになる。その後の朝に、巣門の前にひと際大きい雄蜂の空蓋が運び出されていれば、分蜂間近だ。

やがて、ホバリングする蜂の中に、ひと際甲高い羽音とともに雄蜂が混じって巣門を出入りするようになったら、分蜂までの数日は目が離せない。午前10時から午後2時ごろまでの、雨上がりの暖かいときが分蜂日和の時間帯になる。

分蜂は5000匹とか1万匹といわれる蜂の子別れの引っ越し乱舞で、蜜を吸った蜂の羽音は一段と高く、ホバリングの量も範囲も一気に広がる。そして、巣箱から女王がお出ましになって乱舞群に交われば、引っ越すまでのひとときを近くの大木の枝などに蜂球をつくって過ごす。分蜂から蜂球に固まるまでの時間は、30分もない。蜂球をつくる場所を自分の目で見届けないと、後からの蜂球発見は困難だ。

苦い経験談を一くさり。「分蜂だ！」と慌ててタモやハシゴを用意したら、普段の通いに戻っていた。「分蜂もどき」だったのか、飛び去ったのかがわからず、1週間後に再分蜂して、ようやくそれが初分蜂だったことを知って反省した。

みつばちは和・洋を問わず分蜂するが、洋蜂は養蜂家が人工分蜂させるため、自然の分蜂を見ることは稀だ。洋蜂の技術を応用した人工分蜂を和蜂に試行している人がいるが、まだ道半ばである。

管理洋蜂が自然分蜂しても、自然界で営巣する能力はない。もしも洋蜂が自然界で生きる力があれば、和蜂は洋蜂によって間違いなく淘汰されていただろう。

5　分蜂捕り込みに欠かせないもの

●相棒

分蜂を捕り込むには、慣れるまでは1人の作業は危険だ。家族か誰かを相棒にしたい。分蜂日和はあちこちで分蜂するため、自分の分蜂と仲間の分蜂が重なることは当然起こる。僕が自分の群を追っかけている最中に、電話の音が鳴っても出られない。

分蜂捕り込みは「遠くのハチ友より、身近な相棒」である。ちなみに、我が家の相棒は女房殿だ。

相棒は傍にいて、ハシゴを支え、万一のときの連絡係としていてくれればそれでいい。毒性も弱くおとなしい和蜂だが、群が攻撃モードのスイッチを入れると危ない。

しかし、「分蜂七つ道具」を揃えれば、安全である。

●分蜂七つ道具

4月からの2か月間は、巣箱から目が離せない。第1分蜂の大群を捕り逃がさないように、以下の分蜂捕り込み「七つ道具」を用意し、準備する。

飼育箱、作業中に着る服と被る網帽、白色系のツナギ、長靴、厚めのゴム手袋、網の長いタモ、長短のハシゴ、ハチ・マイッター（第4章12参照）、黒色ガムテープ、巣門蓋用の金網、誘引蘭、捕り込み用の刷毛、緊急時の救急具など。

枝に蜂球をつくった大群。

あらかじめ箱を設置する場所に土台と雨仕舞いの準備、捕獲のイメージトレーニングもやっておくとよいだろう。また、蜂球をぶら下げてから群が次の営巣地に飛び立つまで、普通1時間以上あるから、それまでに駆け付けられる場所に師匠がいるなら、師匠の捕り込み現場を見ておくに限る。「百聞は一見に如かず」だ。それも日時はみつばちが指定する。

突然だが従うしかない。

6　殺生好きの「のぼせもん」

僕は少年のころ、祖父のカスミ網業を手伝い、ウナギを仕掛け、ヘボ（クロスズメバチ）を追い、アユやイワナ釣りを経て、現在のみつばち飼育にたどり着いた。だから、殺生は僕の性《サガ》だ。

しかし、みつばちの飼育は、じつは殺生と対極か無縁なところにある。僕の血が騒ぐ殺生好きののぼせもん（博多弁で夢中になる人）たるゆえんは、みつばちを待ち箱に入居させるプロセスと、蜂球を巣箱に収める工程、あるいは屋根裏の営巣群を改造掃除機で捕り込むときである。日本みつばちは生かすべし。駆除などもってのほかだ。

7　3つの捕り込み方（信長・秀吉・家康方式）

春の子別れを巣箱に捕り込んで増箱するプロセスは、場面によって捕り込み方に工夫がいる。師匠たちから場面に応じた3つの捕り込み方法を伝授され、それらを三大武将の性格になぞらえて、「信長方式」「秀吉方式」「家康方式」と命名した。

①信長方式

営巣中の自然巣を巣箱に捕り込むことがあるが、このように営巣群の意に反して略奪し捕獲することを信長方式と呼ぶ。成功の確率は半分以下だ。

まさに「鳴かぬなら殺してしまえホトトギス」だ。

天然巣は大木のムロの中や屋根裏や床下、ときには墓石の中にある。チェーンソーを使う山中は大きな音と振動で蜂が巣から一気に飛び出し、群は逃去する。失敗ばかりだ。一方、里は改造掃除機が使えて成功率は高い。吸引力を調整し、掃除機内に蜂を収める箱を備えるなど捕獲用に改造してある。

信長方式の成功率は低いが、きっと失敗群はどこかで生きている。だから、殺虫剤で殺害される運命だった営巣群の捕獲は、積極的に挑戦する心構えでいる。

巣箱の中で冬眠中のヘボ（クロスズメバチ）の女王。

●桐のムロ（失敗の巻）

夜学のポン友《ゆー》（中国語で友人）の、高橋富夫君の話だ。

7年前の春だった。

「日吉（瑞浪市日吉町）の山ん中の桐のムロの中に日本みつばちの巣があるぞ」

高橋君はヘボ名人・故田中好美氏直系の一番弟子である。蜂狂の習性は恐ろしく、目の前を蜂が飛ぶと自然と蜂を追っかけている。

彼が自然芋のツルを探していたら、目の前を1匹の蜂が飛んだので追っかけたら、桐のムロにたどり着いた。彼はヘボの先生だがみつばちには関心なく、「みつばちはそのまま桐のムロで営巣しているに違いない」と言う。

和蜂は姿も飛行も、ヘボと似て非なる蜂だ。僕は、聞くと同時に殺生好きのスイッチが入った。次の休日に宮地憲平君（岐阜窯業株式会社専務）を誘い、高橋君を蛇払いの先導にして3人で山に入った。彼は記憶をたどりながら、桐の木にたどり着いた。確かに日本みつばちの自然営巣群だ。木洞の穴に吸い込まれるように通っている。

ファームの榎の枝についた分蜂群の蜂球。

「あぁ、くたびれた。俺の役目はここまでや。後は蜜を半分もらえばええで、お前らに任せる」

彼は近くの岩に腰を下ろして、見物人を決め込んだ。山中の枯れて曲がっている桐は、ひいき目に見てもタンスや下駄の素材になる代物にはならない。ツナギを着て網帽を被り、チェーンソーのエンジンをうならせて大木の根元を切り倒した。中は大きな空洞になっていて一瞬の作業だったが、まだ蜂は静かだ。巣はもっと先の奥にある。根元から50㎝間隔で2回玉切りしたが、まだ巣にたどり着かない。蜂のざわつきが聞こえたが、手を伸ばしても巣にたどり着かない。「エイ、ままよ」と3回目の輪切りをしたら、おがくずとともに蜜が飛び散り、一機に蜂が空に舞い上がった。

巣のど真ん中を切ってしまったらしく、一瞬後悔。空いっぱいに舞い上がった蜂をあっけにとられて眺めると、その一部が近くの木の枝に小さな蜂球をつくったので、用意してきた空箱に入れて持ち帰った。

チェーンソーと巣箱、巣蜜の入ったビニール袋、待受箱用に玉切りした桐の丸太を山から運び出すと、肩に食い込むほどに重くて痛い。しかも、帰路についた車中は、箱のすき間から出てきた蜂がフロントガラスの視界を遮る。蜜はポン友2人が山分けし、僕は群を庭に置いたが、巣箱の中は3日で空になった。女王を捕り逃がしていたに違いない。重たかった桐の生の丸太は、中をくり貫いて乾燥させ、待ち箱になって活躍しており、毎年の入居を楽しんでいる。僕の待ち箱製作の記念の第1号である。

●改造掃除機（成功の巻）

６年前の夏の話だ。岐阜県加茂郡東白川村の神田神社の近くに野武士の風貌漂うご老体、大坪正克さんの木造農家がある。週末の山里暮らしをしていたころからの縁で、玄関の鴨居の上の壁戸のすき間からみつばちが出入りしている。きれいに捕ってもらいたいと聞きつけて、日本みつばち根の上塾で指導していただいた吉澤大志《ひろゆき》さん（吉澤プロ）に相談して、捕獲作戦を立ててもらって実行した。目的は蜜と一群だ。

吉澤プロは慣れた手つきで壁をはがし、改造掃除機で蜂を吸いつつ手際よく蜜をバケツに収め、群を横置きの巣箱に収めてくれた。吉澤プロの相棒をして改造掃除機の仕組みを知り、早速手際を知人に頼んで専用の改造機を手にした。

成瀬本家の納屋に営巣した群の大捕り物で、この改造掃除機が活躍し、群を巣箱に捕り込むことができた。しかし、このときは女王を捕り逃がしたようで、夜になって箱の中は空になった。

厚めのビニール袋を使った、
成瀬さんの改良タモ（網）。

袋のみを使った蜂の捕り込み。

ザルを装着した、
渡辺さんの収穫網袋。

改造掃除機を使っての自然群捕獲は3度しか経験していない。成功は1度。成功率は33パーセントを低いと判断するよりも、3群の後の2群も逃げ延び生きながらえているだろうと思うことを大事にしたい。

②秀吉方式

木の枝や集蜂板に固まった蜂球を、タモなどで捕えて巣箱に収める方法が秀吉方式だ。秀吉方式は蜂球を直接巣箱に入れることもでき、もっとも一般的な捕り込み方法だ。

比較的失敗も少なく、用具もタモとハシゴがあればよく、蜂群の営巣定着度も信長方式よりよい。まさに、「鳴かぬなら鳴かせてみせようホトトギス」である。

成瀬さんが、タモの網を厚めのビニール袋に替えた改良タモを使っている。僕も使ってみたが、袋の蜂がスムーズに箱に落ちる優れものだった。

一方で蜂仲間の渡辺正巳さんは、大型収穫網袋の底にザルを装着して蜂球を落とし入れ、逆さ吊りして巣箱を置く予定の場所へ吊るす。そして夕刻にザルから巣箱に落とし込む。この方法は同じ敷地内の巣箱移動で発生しがちな移動トラブルが防げる点で優れ、群にストレスを与えない点でビニールタモとともに効果がある。

また、変形している樹の枝の蜂球を捕り込むには、柄の固定したタモよりも袋だけのほうが捕り込みやすく、用意しておくに越したことはない。

山の岩陰で入居を待つハイブリッド式待ち箱。

③家康方式

家康方式は、分蜂群や逃去群を待ち箱へ誘い、入居させる方式だ。だから、「鳴かぬなら鳴くまで待とうホトトギス」の境地だ。

待ち箱に入る入居群を待つのは、根気と忍耐と手間がいる。待ち箱の材料にする丸太をチェーンソーやタガネやサンダーなどで仕上げるには日数と手間暇を伴うから、メリットばかりではないが、蜂たちが自ら選んで入居した箱は定着度は高く、秀吉方式や信長方式を圧倒する優れものだ。

待ち箱は空の2段積み重箱でも横箱でもよいが、丸洞が格段に入居率は高い。

さまざまな方式で群の捕獲をしているのは、ケースごとにベストな方法を見極めるためである。屋根裏や墓地などの自然群の多くは、駆除業者によって薬剤を浴びて駆除される例が多い。しかし、信長方式の改造掃除機で捕獲すれば、箱入れに失敗したとしても、自然群として生き延びるから薬死させるより人道的だ。

雄蜂の蓋出しは分蜂間近のサイン。

枝に蜂球がぶら下がったら、選択は秀吉方式だ。「入るまで待とう日本みつばち」などと悠長に、蜂球が自然入居するのを試みていられない。状況にふさわしい3つの方式を選択すればよい。

8　分蜂は天気次第、蜂次第

●すわ、初分蜂か

【安江】　妻木の山本昇君が、平成27年の4月4日に自然群を自宅軒下の待ち箱に入居させました。前日に偵察蜂の通いを確認済みで、当日は群の入居ショーも見えたと感激していました。今日（4月7日）は泉町の吉岡重則さんも初分蜂を捕り込み、夜に恵那市へ運ばれます。いよいよ分蜂が始まりました。

【成瀬】　泉の吉岡さんは、私たちの使っているハチ・マイッターの製作者ですね。それにしてもこの寒さ、我が家の種箱はこの先どうなるのかわかりません。金陵辺《きんりょうへん》（日本みつばちを誘引する蘭）の開花はまだですし。

【安江】　山本君の4月4日入居はやや早すぎると皆が言っています。吉岡さんは自宅の集蜂板に固まってぶら下がっていた蜂球を、捕り込んだのが4月7日なだけで、正確な分蜂日はわかりません。もしかしたら4月4日の異例の暖かさで分蜂し、その後の寒さと雨続きで今日までぶら下がったままだったということもあります。我が家の金陵辺の開花も、もう少し先になります。

皆が心配したとおり、山本君の入居群は蜂数を減らして2週間後に空になった。原因は不明だが、無王群（第4章14参照）だった可能性が高い。標高200m前後の妻木町が100m低い土岐川沿いの吉岡さんと初分蜂日が同じとは考えにくい。

その後、1週間が過ぎても分蜂の知らせはなく、異常な年ではないかとの声も出始めた。東濃日本みつばちの会の大村千代治理事長の話でも、昨年（平成26年）のいまごろは会員から20群以上の分蜂の捕り込み報告があったが、今年（平成27年）はゼロだそうだ。理事長は今年は異常に分蜂の少ない年になると見ている。

●天候に一喜一憂

分蜂間近と思われた4月下旬、天候や準備などについて、メールのやり取りが慌ただしくなった。

【安江】　昨夜（4月28日）の天気予報は、雨が2日続き、晴れは5月2日とのことですから、この日が一斉分蜂となるでしょう。例年の約2週間遅れです。家康方式の待ち箱は晴天の早朝に見回り、中をバーナーで炙ってください。もし偵察蜂のいる箱があれば、花の咲いた金陵辺を置き、種箱の近くには金陵辺と集蜂板と飼育箱のセットも置くことです。気分は「人事を尽くして天命を待つ」です。

そして2日後の4月30日。

【安江】　天気予報は1日繰り上がり、明日5月1日が分蜂日和です。風が吹くと群が引っ込んだり、風に流されて飛んでいくため、午前10時から午後2時までの間に風が吹かないことを祈ります。また、止まってほしい集蜂板から離れた位置にいて、常に群の先頭を見ていることが大切です。群の中に入ったり、群を追いかけたり、止まってほしい場所にいると、逆らって遠ざかります。

【成瀬】　明日にも分蜂するなら、いま咲いている金陵辺の一鉢二花を分断して、2つの待ち箱に入れて勝負するのはどうでしょうか。5月は、本業のお茶で多忙極まる季節でして……。

【安江】　明日は分蜂日和ですが、分蜂のピークはまだ先です。金陵辺は1か月間使え、忙しいときほど役立つわけですから、まだ切り花で使ってはいけません。いまは鉢で使うべきです。萎《しお》れる直前に2本を切り、2か所に分散するとよいです。

●分蜂日和だが

天候が回復しても、一筋縄で分蜂とならないのが自然界だ。横殴りの雨が2日続き、待ち箱や巣門が濡れ、跳ね返りの泥がついたため、入居予定の蜂もほかの営巣場所に行ってしまう。しかし、翌日の早朝に待ち箱を回ってバーナーで炙れば、初入居になる可能性も

蜂球を巣箱に落とし入れる。

いよいよ分蜂開始。

高い。

　それにしても、今年はやはり変だ。第1分蜂は近くで留まると思っていたが、ファームでのヨッちゃん、一昨日の宮地君、1週間前の可児市の若尾昭次さんと、蜂仲間の大群が立て続けに遠くへ飛んで行ってしまった。2週間遅れで始まったばかりだが、いやな予感だ。遠くに飛んで蜂球になってしまうと探せるものではない。蜂たちは、バックが暗く適当にブッシュの、樹の枝がLの字に曲がった下の見つけづらい場所ばかりに、蜂球をつくりたがる。

　佐橋正直君から分蜂したから

手伝ってくれとの知らせがあり、軽トラで佐橋邸に向かった。到着したら、一度外に出た群が分蜂を中止し、元箱に戻って何事もなく通っていた。これは、よくあるトホホの分蜂もどきだ。

一度出た群が引っ込む現象は、女王が箱から出てこないことで起こる。まだ引き継ぐ新王の機が熟していないとも考えられるし、風が強まったときや雨が降り出したとき、気温が安定しないときにも起こる。

9　やっと迎える初分蜂

去年に遅れること2週間、5月2日にようやく我が家も今年の初分蜂を捕り込んだ。前日の昼過ぎに派手な分蜂もどきのホバリングをしていたが、その同じ時刻に本番を始めた。いったん数分のホバリングが収まった直後に、狭い巣門から一斉に何千匹もの蜂があふれ出て巣箱の上を乱舞する。本番の蜂は蜜を腹いっぱい吸って体が重く、羽音も高い。羽音で分蜂とわかるほどで、街では騒音にもなる。

女王が巣箱から出ると、乱舞群全体が移動飛行に入る。やがて集蜂板に群の先端が付き始める。するとすべての蜂が集蜂板に固まる。その間たったの10分弱なので、現場にいないと見過ごす。コロニーの大きさは、ドッヂボール大が基準だ。今回の大きさはほぼ基準どおりか。蜂球の真下に上蓋を取った巣箱を置いて蜂を落とし入れ、素早く蓋をする。すべての蜂が巣箱に収まると、一時、静謐《せいひつ》な時間が戻る。

今回は運よく用意していた集蜂板に留まったので捕り込めたが、蜂球が高い樹の枝にぶら下がったときは、ハシゴをよじ登ってタモに捕り込み、下りて箱に入れる。女王が巣箱に収まるまでは、登り下りを繰り返すことになり、そんなときは相棒が頼りになる。

●孫分蜂

えんどうの初開花日と初分蜂の日は、おおよそで一致するが、どちらも気候の影響で早まったり遅れたりする。海抜１８０ｍのファームの巣箱の分蜂は、稀に4月の第1週に起こる。遅れる年はしばしば5連休のころになる。

この3週間の違いは、産卵してから孵化するまでの期間と同じになる一大事だ。つまり、同じ初分蜂でありながら、早い箱の新蜂が孵化するころに遅い箱が産卵を始める違いだ。これは、単に1回早いに留まらず「3週間×1日の産卵数」の違いになる。

早い時期の分蜂群は、春の豊富な蜜源期と相まって、毎日産卵し続ける女王の産卵は旺盛で、ベテラン女王（初分蜂は母王）率いる群勢豊かな巣箱の巣板は一気に成長する。その結果、巣箱の容積が窮屈であれば、子別れ行動が発生する。これが元の種類から数えて孫分蜂で、孫が出るわけではなく母王が元箱から2回出るわけで、夏分蜂ともいう。重箱飼育箱はあえて箱足しを抑えることで、孫分蜂を促す優れた巣箱になる。反対に、早めの箱足しで営巣空間を多めに用意すれば、孫分蜂をさせないこともできる。
孫分蜂は4月初旬に出た成長の早い巣箱の場合、2か月後の6月に見られる。

●集蜂板

集蜂板は、分蜂群が蜂球をつくりやすい板であれば何でもよい。板の材料は古竹や使い古しの板などさまざまだが、僕は30㎝角の巣箱の古材に桜の皮を貼って使っていて、結構定着成績はよい。それでも600坪のファームに10個も吊るしている。

集蜂板は、人間の捕り込みやすい高さと場所に吊るしても、蜂が留まるとは限らない。蜂の気持ちになり、蜂が蜂球をつくりやすく、かつ、僕も捕り込みやすい場所と高さを選ばなければならない。

蜂と折り合う精神が大事だ。しかし、これがむずかしい。結局、巣箱の位置や周辺の風景、分蜂時の風にも影響されて半分の分蜂群は天然樹の枝に付いてしまう。

第2章　待ち箱　～みつばちが入りやすい、住みやすい環境づくり

1　みつばちを引き寄せる待ち箱とは

日本みつばちは可能な限り増箱するに限る。箱が増えれば飼育者も増え、種の保護につながる。それに蜜も増え、比例して経験も蓄積できる。経験に勝る飼育技術はない。

増箱には待ち箱は欠かせない。僕はこだわって丸太をくり貫いた丸洞を待ち箱にしている。一方で、空の飼育箱を待ち箱にすると、群の入居後にそのまま飼育箱になるため便利だ。しかし、群が入る確率は樹のムロに似せた丸洞箱が勝る。いまは、丸洞箱と重箱の双方を組み合わせたハイブリッド式（ハチポン）が主流になっている。

別子銅山（愛媛県新居浜市）へ向かう街道筋に置かれていた待ち箱。

【成瀬】 丸太をチェーンソーでくり貫くときには、どんなことに注意が必要ですか？

【安江】 キックバックに注意して作業してください。くり貫くにはカービングチェーンソーがよさそうです。蜂は巣箱の中を歩いて移動しますから、内壁が毛羽立ったままだと嫌がります。内壁の表面に粗いサンダーを掛け、後にバーナーで炙って仕上げてください。生木はアクと匂いを抜き取るため水に漬け、ドラム缶蒸し（第5章5参照）してから乾燥させ、設置時は内壁に蜜蝋を塗ります。待ち箱設置を4月初旬に完了させるには、冬のいまはくり貫きを急ぐことです。

丸洞箱の天然木の材種は杉や桐が適している。造作が楽で持ち運びも軽く、蜂も好んで入居する。チェーンソーを使わなくとも、丸太を十字に割って中芯を取り除いて組み立て、タガ絞めすれば丸洞になる。待ち箱の品質はみつばちが決め、でき栄えが美しいことではない。

だから、群が僕の待ち箱を新居に選んでくれるよう、みつばちが喜ぶことは全部する。暗くて狭い空間に営巣する日本みつばちは、いい匂いのする広からず狭からずの快適な空間を好む。成瀬さんがクヌギの堅木をくり貫いてつくった丸洞のでき栄えを見て、彼のチェーンソーの腕前はベテラン級で僕が講釈することはなかった。

2　ハイブリッド（ハチポン）

入居率が高い丸洞箱の上段に、蓋付きの重箱を乗せた待ち箱が、「ハイブリッド」だ。丸太と飼育箱を組み合わせて使うからハイブリッドで、ハチポンとも呼ばれる。丸太をくり貫いた天板に、内径に沿った穴を開けて、その上に上蓋付きの重箱を乗せればよい。丸太の下段に設けた巣穴（巣門）に入った群は、丸太の内壁を伝って重箱の天井に営巣を開始する。営巣中の上蓋付きの重箱を持ち上げ、用意した基台に乗せるとそのまま飼育箱に変身する。丸太から巣箱へ蜂を移し替える作業が省略でき、蜂にストレスを与えない。

大スズメバチに喰い広げられた、ハチポンの巣門。

●ハイブリッドの利点

ハイブリッドの利点は、蜂移しの作業が省略され、群の勢いが衰えない上、入居前の点検サイクルを延ばせることだ。仮に、5日に1回点検する箱に、点検日の午後に群が入居すると、入居を知るのは次の点検日（5日後）だ。

この時点では手のひら大の巣板が3枚以上成長していて、蜜も蓄え（つまり分蜂時に嫁入り道具として持ってきた蜜を吐き出していて）、産卵も始まっている。この群だけを飼育箱に強制的に移すと、営巣はいったんリセットされる。

この場合、再び営巣再開までの5日間、合計10日間の短命の蜂の無駄とストレスは大きい。これは逃去や崩壊の遠因をつくる。その点でハイブリッドは、10日後以降に入居を確認しても、巣箱に乗せ替えることが容易にできる。この優れものを考案された東濃日本みつばちの会の大村理事長を見習い、いまは愛好家の待ち箱の主流になった。

平成27年の8月2日に崇禅寺のハイブリッドに入居した、夏分蜂と思われる群を確認した。境内が補修中だったため、点検が3週間も遅れた。その群をヨッちゃんに手伝ってもらって、巣箱の基台の上に乗せ替えた。乗せ替えるときに丸洞から切り離して蜂の入った重箱を持ち上げたら、おおよそ10㎝も丸太の中へ巣板が伸びていた。丸洞の内壁に巣板が付いていなかったので、容易に巣箱に乗せることができた。その後の蜂たちは、活発に営巣を続けている。

もしもこの例が丸洞箱だったら、日数が経ちすぎて新箱に蜂を移せないからそのまま飼育することになるが、容積が狭くて夏に満タンになって巣落ちする羽目がオチだ。ハイブリッドは点検周期を延ばすこともできる優れものだ。

3　待ち箱の容積

【成瀬】ハイブリッド用の丸洞箱の大きさは、どれくらいがベストですか？

【安江】群は群勢で容積を選ぶため、ベストな大きさはありませんが、経験上のセオリーはあります。無難なのは30Ｌです。つまり20〜30Ｌが待ち箱の平均的容量です。僕は内径30㎝×縦径30㎝以内（30Ｌ以下）の小さめの丸洞箱を、ハイブリッド用にします。上に重箱が乗るため、それで十分です。30Ｌ大は蜂移し専用に使用し、40Ｌ大は巣落ち防止棒を入れ、入居したらそのまま飼育箱にする算段です。

50Ｌを超えると、広すぎて入居率は上がりません。重箱換算なら、20㎝角の高さ15㎝で3段（18Ｌ）が普通です。僕はブリキ缶や捨てられた冷蔵庫の中で営巣していた自然巣を、信長方式で略奪したことがあります。僕の丸洞箱は丸太の都合でさまざまですが、１００Ｌの大丸洞箱に入居した例はなく、10Ｌなら入りました。

分蜂群が入る待ち箱の容積にセオリーはあるのか？

僕は、群勢と容積は関係していると思っている。傾向として、小さい群は大きな待ち箱には入らず、大きい群は遠くても大きな待ち箱を選んで入る。僕は、我が家から逃げていく群を捕まえる目的で、３００〜５００ｍ先のポイントに大（80Ｌ）・中（30Ｌ）・小（10

L）の待ち箱を常に数個置いている。ある例では、逃去した大群は一番遠い大きい箱に入った。中群が逃げたときは、初めは近くの小さい待ち箱に入居し、翌日に中箱へ入り直した。可児の若尾さんの箱から出た大群は、近くの小ぶりな3つの待ち箱に見向きもせずに飛び越えて、1㎞先の他人の置いた5段積みの巣箱に入った。ほかの事例も含めて、群の大きさが入居容積を決める傾向はあると思っている。

4　みつばちの入居率を高めるには

●優秀な箱

箱の中に巣の匂いがしみこんだ入居歴のある中古箱を、入居歴のある場所に置けば、入居率は高まる。

僕は成瀬さんへこのような回答を送ったが、十分とはいえなかった。入居歴のある箱のほとんどは、無数のスムシの卵も産み付けられていることまで伝えていなかった。スムシ対策のドラム缶蒸しの効果は誰もが認めるところだが、箱の匂いも取れてしまう欠点もあるし、労力もいる（第5章5参照）。

市販の高価な巣箱は、仕上がりも美しく、横箱や重箱、内検用の窓が付いたり通気口や巣底の引き出しが設けられたりと、工夫が施されている。しかし、高機能な巣箱は見た目に優秀だが、僕は構造が単純で、かつ群の定着性がよい中古の丸洞箱が一番優秀だと思っている。

●箱材の応用

新材で重箱や蓋をつくり、採蜜するたびに蓋と重箱を新材箱に交換すると、採蜜のたびに中古材が出る。その中古材でハイブリッド式の蓋や集蜂板をつくれば、入居歴のある箱材にたくさん応用できる。

同様の手順で巣門付きの基台も新材でつくり、箱足しのたびに新材箱と交換すれば中古材ができる。適宜に基台を変えるこの方法は、スムシ予防にもなる。入居歴のある丸洞箱や重箱、使用済みの基台を応用して再利用するので費用も浮き、入居率も高まり、一石二鳥だ。

●優秀な場所

前述のように、1度入居した場所は2度、3度と入居が見込まれる特別な場所。これは、近くに営巣群があることを前提にすると、偵察蜂が偵察しやすい場所で、いわゆる「蜂の道路沿い」にあたる。蜂の道路沿いの特別な場所をたくさん持っている人は、多くはいない。蜂キチの特別な場所は、キノコ名人にとっての「松茸の代《しろ》」と同じくらい貴重だ。僕は、群が入居したら速やかに飼育箱に移し、同じ丸洞箱を同じ場所に素早くセットして、次のゲットに備える。3年前に八幡様の御旅所の濡れ縁で、1シーズンに5群を連続ゲットしたときは、同じ箱に翌日入居したこともあった。

3月はすでに偵察蜂が出ているため、待ち箱は3月末までに設置を完了する。早く置いたほうが偵察蜂の認可が出やすく、入居率も高まる。また、適宜必要に応じた待ち箱の改良を加えることもできる。

●増箱と平和運動

僕は入居歴のある有望な待ち箱の置き場所を持っているが、もっと素晴らしい場所が見つかれば、待ち箱を移動させる。それは入居歴のある場所が1つ増えることになり、入居数も上がる算段だ。

特別の場所は、できるだけたくさん持っていたい。それは、家康方式でのゲットを見込めるからだ。ゲットが見込める分、飼育箱の越冬に神経を使う負担が減る。

分蜂のシーズンを過ぎると、巣箱の数は減るばかりだ。目標の飼育数

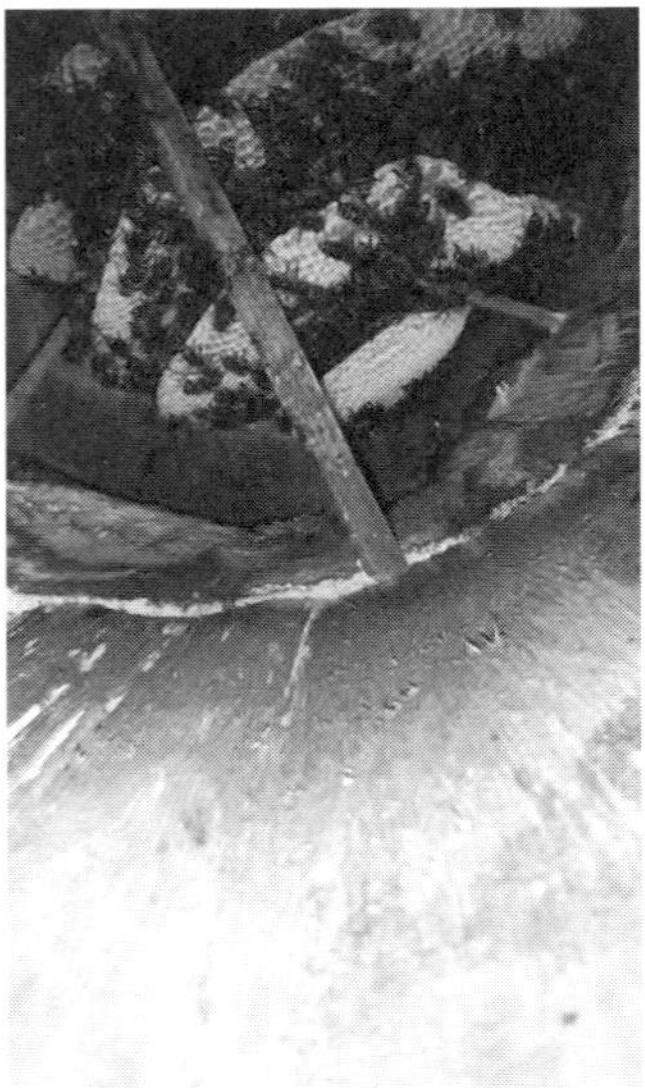

入居後10日経過と見られる、山の待ち箱に入った群。

を確保するには、年1回の分蜂シーズンに可能な限りを捕り込んで目標以上の箱数に増やすしかない。増箱に懸命なのは、もちろん蜜がほしいのもあるが、僕なりの平和運動でもある。

日本みつばちが里山を飛び交う風景は、結果として農業や食材を守ることにつながり、地球環境の観点から食を確保することが平和を守ることにつながる。

5　自然巣を求めて

【成瀬】　いまの時代に自然営巣なんて本当にありますか？　既存の飼育蜂の分蜂を狙うほうが、確率は高まるのではないですか？

【安江】　自然営巣群は里山にいますよ。僕の6年前の信長方式1号（失敗）も、日吉町の里山でした。成瀬さんの茶園がある日吉町周辺は天然巣の宝庫です。茶園周辺にもありま す。だからといって、やたらに待ち箱を置けばよいものではありませんが、待ち箱を置かずに増箱はかないません。今年はまず待ち箱を広い地域に分散するとよいです。広い範囲に置き、入居したら、その場所の周辺に待ち箱を集中すればいいわけです。

でも、他人の飼育箱の分蜂をピンポイントで狙うのは避けましょう（第6章2参照）。自然群をゲットして混合飼育することは、長期的観点から重要です。有望な場所に適切に置いて最善を尽くせば、群は捕れます。魚釣りに然るべきポイントがあるように、待ち箱も置くポイントがあります。

【成瀬】　昨年種箱から逃去して自然巣となった群は、どれほど戻って来るのですか？

【安江】　逃去群数の2倍（自然巣になり2回の分蜂を見込む）が戻ってくるとして、今年は飼育巣も自然巣もダニ汚染が影響している分を差し引くと、その兼ね合いで元巣の個体がどれだけあるか。僕はわかりませんね。マスターと渡辺さんは楽観的で、ヨッちゃんは慎重すぎで、成瀬さんは心配性で、皆さんの話は勉強になります。ちなみに僕も心配性です。でも、みつばちの飼育で心配して疲れてはいけません。

分蜂はあちこちの複数の箱から、同時間帯に起こる傾向があるため、複数の蜂場を持つ人だと、同時に分蜂した群の全部を自分1人で巣箱に捕り込むことはできない。

営巣場所にもなる、電柱の中の空洞。

そこで、待ち箱を飼育箱の近くの適切な場所に置くことで、自分の巣箱から出た群の自然入居を促すことができる。待ち箱は自然営巣の分蜂を捕り込む目的のほかに、飼育箱の近くに置いて、逃げる群を留める目的にも使うのだ。

●自然巣とスズメバチ

【成瀬】 半原みたいな田舎で、日本みつばちはスズメバチの脅威に打ち勝てますか？

【安江】 天敵のスズメバチとみつばちの関係は、DNAレベルで組み込まれた食物連鎖の一環です。日本みつばちに「逃去性」があったからこそ、スズメバチの脅威から逃れて生き残れたのだと思います。日本みつばちを幻の蜂にしたのはスズメバチではなく、ほかならぬ人間です。

僕は和蜂飼育が和蜂保護に通じると思います。だから、分蜂を捕り込んで増箱することに一点の曇りもありません。和蜂飼育は、損得や合理性の物差しでは測れないし、和蜂保護の延長で蜜を消費者に供給することもよいことと思います。

成瀬さんの質問にこのように回答したが、対馬の旅（第7章参照）で現地のみつばち事情を見て、不十分な説明だったと思い知った。

6 待ち箱の点検

待ち箱の定期的な点検は、蜂の入居率を高めるほか、クモや蟻、スズメバチの侵入を防ぐこともできる。彼らの先入を許した箱には、みつばちは入らない。

【成瀬】　待ち箱の一般的な点検方法を、具体的に教えてください。

【安江】　僕は早めに点検し、「蝋を塗り直す」「バーナーで炙る」を繰り返します。早めの点検で蟻、クモ、スズメバチの進入も防げます。「置台を高くする」「風に揺れないように重しをする」「倒れないように番線を張る」「巣門の方角や日当たりを工夫する」などして、改善を繰り返して入居率をアップさせます。

　分蜂は雨後の翌日の暖かい日中に起こります。巣箱や巣門が濡れていたり、地面から箱への雨や泥の跳ね返りがあるようでは入居しません。シーズン中の丸洞箱は3日に1度か、少なくとも週1回は点検してください。

　多忙にかこつけて点検を怠ると、とんでもないものが巣箱に入ってくる。

【成瀬】　お茶の都合でしばらく点検できないので、明日は雨の予報ですが、待ち箱の置き場を点検して回ろうと思っています。雨の日の点検方法を教えてください。

【安江】　雨の日は箱の中が湿気るため、点検しません。もしするなら、巣門をバーナーで炙るだけで、中をひっくり返さないほうがよいです。箱に蜜を塗るなら、毎日点検しないと蟻が付きます。蜜や巣屑は両刃の剣ですから、僕は蝋は塗りますが蜜を塗りません。

待ち箱で孵化したシジュウカラ。

待ち箱に入った、
毛虫の繭と孵化した蛾。

7　巣箱移動のタイミング

群を巣箱に捕り入れた後、夜までの間に蜂は営巣に入る。「通い」が始まると巣箱の位置を覚えてしまうため、移動するなら捕り込み直後の30分以内。もしくは夜なら2㎞以上離れた場所に移動しなければならない。経験を積んだマスターは、捕り込みを終えたわずかな時間帯の、出入りしない静かに収まるときを見計らい、一瞬にして移動させる名人だ。

僕はファームで分蜂を捕り込んだ後にミスをした。昼間のうちに蜂球をつくった枝の下に新箱を置き、蜂を捕り込んだ。蜂が箱に収まるのを待ち、夜にファーム内の10ｍ先へ移動し、頑丈に風雨対策を施した。

しかし朝になって、巣箱から出た蜂のすべてが前夜まで置いていた箱の前でブンブンとやっていた。自分のミスに気付いて巣箱を元の位置に戻し、事なきを得たのだった。

第3章　金陵辺と誘引剤　～みつばちを呼ぶ秘策

1　平山名人

平山名人は、40年もの間、金陵辺《きんりょうへん》や誘引剤など無縁で日本みつばちを山中飼育してきた人だ。さすが名人に頭が下がるが、僕が名人を真似ることはできない。

いまや僕の巣箱の半径２km内には、他人の待ち箱も金陵辺もあり、自分の巣箱から出た群は他人の箱に飛んで行く時代だ。

だから、種箱の近くに集蜂板を吊るして待ち箱を置き、裏に誘引剤を吊るしても、巣門前に花を置き、我が家の分蜂群はどこかの箱へ引っ張られて飛び去る心配が消えない。

開花した金陵辺。

2　金陵辺の誘引効果

金陵辺は、日本みつばちの分蜂群と逃去群を誘引する珍しい蘭で、飼育家の一般的な飼育道具だ。品種改良が進んで種類は多くあるが、原種に近いほうが誘引力が強い。また、鉢ごとに誘引効果も異なる。

ほかの誘引花は、ミスマフェットやデボニアナムがあるが、素人が毎年花を咲かせるのはむずかしく、まずは金陵辺の花を自在に咲かせる栽培技術を身に付けることが先決だろう。

●金陵辺の誘引力とは

マスターの金陵辺の誘引力は強力だ。オフシーズン中のママの鉢の管理が行き届いているせいなのか、毎年見事な白花をたくさん咲かせ、増箱を力強く後押ししている。3年前のことだが5芽ほどが満開になり、マスターの分蜂群の増箱が成功したころを見計らい、元花が枯れ始めた一芽一本を切り花にしていただいて誘引力を試した。

偵察蜂が出入りする待ち箱の入り口にオアシスに挿したこの切り花をネットで覆いセットしたところ、即日に群が入居し1群の増箱に成功した。花の誘引力の差は鉢によって異なるため、何鉢持っているかよりも、誘引力のある鉢を何鉢持つかが大事だ。

【成瀬】 箱に蜜蝋を塗るのと金陵辺を置くのと、どちらが誘引効果が高いですか？

【安江】 別々に試したことはありませんが、僕の想像では、開花2週間以内の花なら、蜂は花を置いた箱を選ぶでしょう。2、3か月の長期戦だったら蝋を塗った箱に入ります。

しかし、以前、種箱近くの待ち箱に蝋を塗り、花を置いていましたが、遠くの手当てしてない箱に入った経験もあります。不思議に思って蝋と花付きの箱を開けてびっくり、スズメバチが巣をかけていました。みつばちは蝋や金陵辺に誘引されるといえども、天敵のいる箱に入居することはありませんね。

●オフシーズン中の鉢の管理

【成瀬】 今年はじめて金陵辺を越冬させますが、オフシーズン中の管理はどのようにしたらいいですか？

【安江】 素人の僕に聞くのは野暮です。オフ中は有料で預かってもらえる蘭店があるそうで、僕も預けたいくらいです。東濃日本みつばちの会の講習会で、中津川のプロから金陵辺管理の基本を聞きました。講習会の受講者が蘭店のプロに、「有料でよいから費用はいくらか」と質問したら、「購入価格相当でよろしければ」と言っていました。ばからしい。

僕の聞いた管理は以下のとおりです。花後から秋までは涼しい日陰に置いて、2000

倍に希釈した液肥を毎日与える。1つのバルブに1つの新芽を育て、ほかの葉芽はすべて切り取る、という方法です。購入価格の半額以下でプロが預かってくれれば、預けたほうが結果的に安上がりになります。「花芽を付けない蘭はイ蘭（ラン）」で、また買う羽目になります。

【成瀬】　安江さんの「咲かぬランはイラン！」という言葉を思い出し、知っている洋蘭屋さんに聞いたら、「金陵辺は暖かすぎても寒すぎてもダメ」とのことでした。失礼ながら、勉強の成果を試されても、咲かせるのは大変ではないでしょうか？　一緒に洋蘭屋に預けませんか？

【安江】　これは、はっきり言われましたなー。そのとおりですが、その洋蘭屋さんは、長い付き合いの成瀬さんに免じて承知されたのであって、僕は遠慮しておきます。武士道やなくて男のやせ我慢で、「咲かぬなら買って使おう金陵辺」です。

金陵辺に誘引される女王蜂（中央右上）、雄蜂（左下）、働き蜂（中央の小型）。

●金陵辺はなぜ誘引するのか

分蜂群が金陵辺に誘引されるの

は、猫とマタタビの関係とは違う。猫は発情しようがしまいがマタタビに反応するが、日本みつばちは分蜂時しか反応しない。もしも数匹のみつばちが花に反応したら、それは近くに分蜂の近い営巣があるサインと読む。

誰かが「金陵辺の香りは女王のフェロモンの匂いだ」と言った。だが、それは違う。正常な女王がいる群が、ほかの女王のフェロモンに集まる道理が成り立たない。だって、巣箱の前に別の群と女王を置けば、双方の群が混乱に陥り激しい喧嘩が始まる。しかも、僕は金陵辺に群がる女王を何度となく見た。この写真も証拠だ。

分蜂群が誘引されるのは、日本みつばちの故郷の匂いや先祖の匂いであって、ほかの女王のフェロモンではない。それでも女王のフェロモンだと言うなら、女王だけが放つ共通のフェロモン、母乳の匂いのようなものと解したい。題して「全員集合フェロモン」ということになる。いずれにせよ、愛好家に便利な花に間違いない。

●金陵辺の有効利用

金陵辺についてまとめてみると、次のようになる。

・花は赤と白があり、20種類以上ある。
・開花時期とみつばちの分蜂時期が重なったとき、および逃去群だけが花の匂いに誘引される。

・花が咲いていても分蜂の用意が整わない蜂は、この花に興味を示さない。
・つぼみや花の茎に蜜が吹いていても、蜂は蜜に興味を示さない。

そこで、この花をもっとも有効利用するには、花の置き場所や置く時期が大切となる。以下に注意点をまとめた。

・花にみつばちが反応しないときは、分蜂の準備が整っていないとき。
・数匹の蜂が花にたかるときは、分蜂か逃去が近いサインととる。
・金陵辺に反応して群が付いたら、花をその場所から速やかに隔離する。不完全な隔離は群を分散させるので注意する。
・分蜂現象（分蜂日和は同時間帯にあちこちで起こる傾向）を応用し、花を遠方の待ち箱へ移す。
・待ち箱に偵察蜂が出入りするときは、その待ち箱に金陵辺を置く。
・1鉢の開花期間は1か月と長い。鉢ごとに開花日もずれる。複数の鉢を分蜂予測から誘引まで応用する。

3　誘引剤の活用

金陵辺の誘引成分はすでに科学的に解明されていて、花の成分を溶かしたワックス状の人工誘引剤も生産され、爆発的に愛好家の中に出回っている。

この秘薬は、使い方次第ではなかなかの優れものになる。金陵辺は開花初期に効果を発揮し、次第に衰え、しかも鉢ごとに誘引力の個体差もある。つまり、鉢によって「蜂運」も違うという問題があり、それを解決する代物が誘引剤なのだ。

成瀬さんのポン友で、蜂・サミットの会の仲間である渡辺さんからメールをもらった。彼は、僕の家から車で約10分の土岐市肥田町で、陶器の卸業・株式会社渡辺を経営する若手経営者だ。

【安江】 今年(平成27年3月)はあなたの新作の待ち箱にも群が入居するはずですから、群を誘引する工夫が必要です。いまや、あなたの巣箱の分蜂を狙って、巣箱の1㎞内に金陵辺付きの待ち箱が秘かに10個置いてあると思っていい時代です。「自然蜂は自然任せ」なんてあほな理想を言っていると、渡辺さんの分蜂群のすべてが他人に吸い取られてしまいます。まずは自分の巣箱を守るための誘引努力をしましょう。
「何もしない箱」と「黒砂糖の焼酎液やブンブンエキス、蜜を塗った箱」「巣屑を塗った箱」「蜜蝋を塗った箱」「誘引蘭や誘引剤を置いた箱」との誘引力の差を考え、確率の高い方法を実施すべきです。やはり効果のある誘引蘭や誘引剤と、蝋やブンブンエキスを併用すべきです。花は1か月も咲いて期待を裏切りません。工夫すれば、1鉢で複数の群を捕獲することもできます。僕も、数鉢を使い回して群を入れています。
【渡辺】アドバイス、ありがとうございます。当家の5鉢の金陵辺は花芽がなく、早速成瀬君経由で3鉢注文しました。これで、今年は「ガッチリ！」の予感です。

ところがこの渡辺さん、仕事が忙しくて、会社の庭に置いた金陵辺を軒下に入れることを忘れ、翌日の朝の突然の霜によって、膨らんでいた花芽が萎《しお》れてしまった。春とはいえ、温室育ちの鉢を気温2度の屋外に出したままではダメでしょうに、まったく……。

●誘引剤作戦

渡辺さんは作戦を練り直し、その日のうちに、京都ニホンミツバチ週末養蜂の会へ誘引剤を発注した。数日後に渡辺さんの会社を訪ねると、待ち箱の外壁に誘引剤が画鋲止めされていた。僕が誘引剤を見たのはこのときがはじめてで、実際の効果はわからなかった。渡辺さんがパソコンから手際よく資料を取り出して見せてくれた。

能書きには、金陵辺の誘引成分（3－ヒドロキシオクタン酸、10－ヒドロキシデセン酸）をワックスに練り込んだもので、「入居率7割以上の誘引効果が45日間持続する」と書いてある。1個の価格は、金陵辺1鉢の価格と同じでやや高い。

蘭の花を毎年確実に咲かせるのも容易ではないし、蘭は45日間も誘引効果が持続しない。

一方、誘引剤は水を与えることもなく、ポケットに入れて移動もでき、冬越しの管理もいらない。なんたって霜にあたって萎れることもない。

待ち箱や空箱の巣門の上に画鋲で止めて吊るせば、群は勝手に入居する。入居したら、次の空箱の巣門の上に吊るせばまた入る。1つの誘引剤で45日同じ効果が続く代物だから、近くに分蜂群がある場所で繰り返し使用できる。僕は計算した。渡辺さんの待ち箱が誘引剤効果を発揮し、群をゲットするなら、誘引剤商売は金陵辺商売に勝つ。どうなるか注目だ。

＊誘引剤については、「京都ニホンミツバチ週末養蜂の会」ホームページを参照。

＊文中では、「分蜂群のみを誘引する」としたが、実際は逃去群も誘引することがわかっている。

●愛好家も誘引される誘引剤

平成27年の4月の初旬に、宮地君から携帯電話に連絡が入った。

「知り合いの在所の土蔵に、みつばちが巣をかけとる。そんで、分蜂を捕れるように箱置くで一緒に行ってくれんか」

場所はどこかと尋ねると、「黒川の蛭川寄りだ」と言う。黒川は東白川村より1つ手前の山里だから、片道50㎞の山道を1日がかりだ。これでは遠すぎて、気軽に点検も行けない。

そこで彼に次の提案をした。

「了解。やけんど、今時、箱に蜜蝋塗っただけでは蜂は入らんぞ。金陵辺もあれへんし、あっても水もやれんで枯れてまうし。誘引剤を試してみよか？　誘引剤はなぁ……」

彼は途中で話を遮り、こう言った。

「わかった。わかった。そんでええ。注文の仕方わからんで。お前、注文しといてくれ」

いつものパターンだ。ならば、と京都の販売店に電話をした。電話口の店員に聞かれるままに必要事項を伝えた後、僕は次の質問した。

「この誘引剤は、今年は今日現在で何個の注文がありましたか？　普及状態を参考に知りたいので」

「だいたい、今年は5000個台です」

やや不愉快そうに教えてくれた。今年は5000個も？　売上は2000万円だ。

「なるほど。それで去年はどのくらいでしたか？　注文は増えていますか？」

「はい。詳しくはわかりませんが、倍々で増えています」

「なるほど。一番注文が多い県は、どこでしょうか？」

「データを取っていませんが、沖縄と北海道を除けばどの県も満遍なく。取り立てて目立つ県はありません」

「はい。そうでしたか。大変参考になり、ありがとうございました」

手に入れた情報は、「5月で5000個」「毎年倍々で注文が入っている」ことだ。

誘引剤は3日後に届いた。袋の中は、渡辺さんの巣箱に画鋲で止めてあったのと同じ誘引剤と誘引剤を入れる網袋、それに能書きと写真付きのパンフレットが同封されていた。それにしても、誘引剤が５０００個も出回るとは。岐阜県に１００個以上、東濃地方で30個以上は使われている。１個の誘引剤で自然群を２つ捕るとして……。

ダニ感染も怖いが、誘引剤汚染やみつばち用具汚染も心配になる。だからといって、蜜蝋を溶かして塗るだけで自然群をゲットする自信もなく、自然群はもとより、自分の群を横取りされないためにも花もワックスも使いたくなる。

こうした用剤を積極的に使う側に立つ自分を、別の自分が見ると、「近隣の里山に日本みつばちの飛び交う風景を再現したい」などと言っている僕自身の矛盾がせめぎ合い、心がブルーになる。

4　山中飼育の誘引力

平山名人の案内で見た名人の蜂場は、妻木発電所跡の水路の上の山中にある。川の水の落差で発電する５００kW前後の小規模発電所は、明治時代後半に全国で建設されたから、妻木発電所も同じころに建設されたものに違いない。

これらの小規模発電所は、昭和になって大規模ダムが建設され、役目を終えたまま各地に残されている。妻木発電所跡は、その後に製土工場になって美濃焼の陶磁器生産を支えたが、美濃焼の衰退と相まって、いまは廃墟になっている。だが、妻木川の上流から水を引くために山中に建設された水路用の石垣は残っていて、往時の石工の技術の高さを知ることができる。

僕は雑木林の中、目前に現れた石垣を見て、瞬間、「わぁ、妻木のマチュピチュやー」と叫んだ。むろん規模も目的も時代も別次元だが、山中の険しい斜面を石で築いた水路は妻木の文化遺産だ。6年前に友人夫婦と散策した竹田城跡の石垣の美しさが、水路の石垣と重なる。

本題に戻ると、名人の山中の蜂場はその近くの崖の一面にあって、名人の案内ではじめて見た山中飼育に感動した。一面に広がる、何十年と使われた無数の巣箱全体が誘引力を持っていることに驚かされる。僕は名人の許可をもらい、名人の蜂場の一番高い場所に入居歴のある丸洞を2つ置いた。

そして3年前の5月の連休最終日に待ち箱を点検しに登ってみたら、名人の蜂洞に5群も入居しているのに、僕の待ち箱には1群も入っていなかった。これは偶然でも不運なわけでもなく、不作といわれた昨年（平成27年）も、名人の箱には2群が入居して僕のはゼロだったことから、名人が長年飼育を繰り返し、使い古した巣箱の集合体である蜂場が、みつばちを吸い寄せる誘引力があることが理解できた。みつばちは、新顔の僕の新作丸洞に入るわけがないのだ。

第4章　飼育　~追究した僕なりの飼育法

1　巣箱を知ることが飼育の第一歩

重箱で飼育を始めたとき、「みつばちは分蜂の都度に女王が更新するから、最上段の蓋蜜を採って、最下段に箱足しを繰り返せば、営巣は永遠に続く」と考えたが、そんなに甘くはなかった。

●女王更新

越冬した種箱の女王は、春になると世代交代のための新女王を、予備を含めて順次5個前後（7個説もある）生む。そして、新王が誕生すると自分が働き蜂を連れて子別れ（分蜂）する。つまり、越冬した種箱の中では、母王が出ると長女が、長女が出ると次女が王になって越冬箱を引き継ぐ。三女が種箱を継ぐにしろ長女が継ぐにしろ、越冬した種箱の王は新王に更新するから、王の寿命で箱が終焉を迎えることはない。

環境の整わない不十分な場所で飼育を始めると、さまざまな困難に出合う。たとえば、高温すぎて巣落ちすると逃去するし、飼育数が蜜限界を超えると、蜜源不足による巣箱の共倒れが起こる。街中では糞害で近隣トラブル（第6章2参照）も起こるなど、枚挙にいとまがない。原因は、巣箱の外と中とに分かれる場合と、巣箱の中と外の両方が関連し合う場合もあり、特定はむずかしい。

参考書は関連し合って発生するレアなケースをすべて解説できないため、一般的な傾向として簡単にまとめるしかなく、飼育の目安程度の役割に留まる。したがって、参考書は師匠のアドバイスに勝るほどの役割を担えない。

たとえば、食料不足の対策として、給餌に頼る例があるが、給餌の時期やタイミングは巣箱ごとに違う。砂糖か蜜か、濃度はどうか？　師匠は僕の巣箱を知っているから、適切なアドバイスをしてくれて頼りになる。給餌（投薬）一つ誤れば、天敵を呼び、盗蜂の引き金になると肝に命じたい。

越冬中の丸洞の種箱
（春に５群が分蜂）。

外敵対策を含めて、飼育は、恵まれた環境さえあればむずかしくはない。つまり、前が開けた蜜源豊富な適正場所に、適切な数の巣箱を適切に置き、スズメバチ対策を怠らなければ、巣箱は勝手に成長する。

本章では、日本みつばちが我が世の春を謳歌できるよう、その飼育にあたって注意すべき点や僕の考えを、成瀬さんとのやり取りも交えて紹介していく。

2　和蜂と洋蜂

和蜂と洋蜂、2つのみつばちは、違いよりも似ていることのほうが多い。だから、飼育技術の大半は洋蜂の養蜂家から学ぶことが多いのだが、養蜂飼育を鵜のみにして真似ると裏切られる。洋蜂との違いを知っておくことが、飼育を成功させるポイントになる。

●性質の差

決定的な性質の違いは、日本みつばちの逃去性と洋蜂の定住性だ。

性質の違いは飼育の違いに応用できる。和蜂は逃去性を備えた蜂だから、永住する気はない。飼育する上で、いかに逃がさないように工夫するかが重要だが、一方で、逃去はいつでもあるものと思うことだ。その点で洋蜂は、いったん営巣し始めると永住する前提で巣箱に強固な壁を塗り固める。その壁の成分が健康食品としても注目されている、プロポリスだ。

また、生まれの違いも飼育の違いと心得たい。洋蜂は「日差しの注ぐ草原」、和蜂は「風がそよぐ里山」を故郷にしている蜂だ。それは、巣箱の設置環境の違いにもなる。体格や飛行能力が劣る和蜂は、訪花面積が洋蜂の2割しかない。これを理解すれば、日本みつばちの巣箱を炎天下に10箱も置くことにはならない。また、夏に強い洋蜂と冬に粘る日本みつばちの違いも念頭に置くこと。つまり、日本みつばちは越冬より越夏がつらいのだ。

●体格・訪花面積の差

体格の大きい洋蜂の訪花距離は4㎞で、和蜂の2倍飛ぶという。円周率を使って計算すると、洋蜂は日本みつばちの4倍の面積を訪花する。つまり、洋蜂は2倍の飛行距離で4倍の蜜源面積をものにするわけだ。僕が飼育した経験上の実際の訪花面積の差はもっとあるように思うが……。

●群勢の差

巣箱の中の蜂の数は一般に洋蜂が3～5万匹、和蜂はその半分か多くとも2万匹までといわれる。蜂の数の差は、そのまま蜜の生産力の差になる。僕の実感では、日本みつばちの蜜の生産力は、洋蜂の1割程度である。

●価格の差

一般的に洋蜂と比較して、和蜂の蜂蜜は3倍強相当の値段がつく。その理由を味覚の違いだけで説明する根拠はないが、単花蜜と百花蜜の差、酵素の種類と量の差、熟成度と糖度の差、ひいては栄養価の差と説いても、輸入牛肉と国産牛肉の差ほどの説得力はない。生産量が限られるため、希少価値の差もあるだろう。

僕が算出した、「性質」「体格」「群勢」「価格」の4つを勘案した費用対効果率によると、和蜜は洋蜜の1割以下だ。しかし、趣味が実益を伴うことはあっていい。岐阜県では、釣りや狩猟を趣味にする分野で、畜産肉と差別化したジビエ肉の販売ルートができあがりつつある。蜂蜜も、格安の加糖蜜やさまざまな原産国の蜂蜜、それから養蜂蜜が消費される一方、差別化した和蜜を求める根強いファンもいて、和蜂の消費が愛好家の年金の足しになることが望まれる。

3　越冬での疑問あれこれ

●巣板の大きさ

巣板の成長度合いを判断するバロメーターとは、どんなものだろうか。

【成瀬】茶園の飼育箱の基台を掃除して、中をのぞき、写真を撮ってみました。巣板が思ったより大きくなっていませんが、大丈夫でしょうか？　感想を教えてください。

【安江】　2月下旬のこの時期はようやく越冬した段階で、1年で働き蜂がもっとも減っています。写真のように巣板の下方が蜂で覆い尽くされて真っ黒ですから、健康群の証です。巣板が小さく見えるのは、越冬中にかじった空の巣板を改造しているからで、問題はありません。

現在の僕の巣箱の中は、半分ほど巣板が白く見えて蜂の数が少なくなっています。「思ったより大きくなっていない」などとは贅沢千万。この写真は、瑞芳園の茶花に訪花した成果です。茶花は巣板を成長させるまでには至らなかったとしても、蜜枯れ時期の蜜の補充になって大いに越冬に役に立った証です。

越冬中の巣箱の中（下から撮影）。

●王台殺戮《さつりく》とは

その約1か月後、成瀬さんは越冬した種箱の巣門前に、蜂の幼虫の死骸を見つけ、「王台殺戮」ではないかと問い合わせてきた。

【成瀬】 今朝、巣門の前に1匹のみつばちの幼虫と思われる死骸がありました。真っ白な体に黒い目が2つ、胴体は半分に裂かれていました。「分蜂前に長雨が続くなどしてタイミングが合わないときに、働き蜂が生まれる前の新女王を噛み殺して間引き、分蜂を遅らすことがある」と本に書いてありましたが、僕の大事な巣箱でも起こったのでしょうか？

そのようなときには、「分蜂群は大きくなる」「群は働き蜂が支配しているかもしれない」とも書いてありました。この寒さの中で分蜂できず、生まれて来る次の長女が犠牲になったのでしょうか？ その場合に、この巣箱の分蜂は減るのでしょうか？

【安江】 巣門の前の死骸は、健康群の営巣の一環です。なぜ、このような蜂児出し行動があるのか。原因はスムシか巣房改造かの2つで、成瀬さんのケースは巣房（産卵室）改造です。新蜂が孵《かえ》った後の巣房に蜜を溜めるため、孵《ふ》化《か》が遅れた幼虫がはじき出されました。産卵層は新しく最下部につくられます。スムシが巣板に進入したときも似た症状が見られますが、写真のように蜂で覆い尽くされていればスムシは入りません。

生まれる前の女王を殺したかどうかは、巣底にひと際大きな空の王台が落ちているかどうかで確認できます。落ちていた場合は、分蜂が遅れます。それでも、次の王台をつくっているので、次の分蜂を待てばよく、また、巨大巣になる可能性もあります。愛好家の中には巨大群を求めて分蜂させない研究や実験をしている人もいて、故意に王台をカッターナイフで切り落として分蜂を止める、なども行われています。僕は未経験ですが。

それから学問的なことはわかりませんが、僕は「1匹の女王がコロニーを支配している」という説を信じていません。僕の承知する女王はコロニーの産卵奴隷です。コロニーを支配するのは働き蜂の長老と考えます。女王死亡後に働き蜂が代理で未交尾の産卵を続け、育てたりすることを考えると、長老支配説でないとつじつまが合いません。詳しいことは、僕よりも黒田師匠に尋ねてちょうだい。


通常の蜂児出し行為のメカニズムは、以下のとおりだ。

シーズン中、健康群の産卵層から孵った後の空房は蜜層に変わる。そしてその下に新たな産卵層が形成され、下へ下へと巣板が伸びる。その際、産卵房の一部に孵化が遅れるか成長が止まった幼虫がいると、働き蜂によって外へ運び出されてしまう。

これが通常の蜂児出しで、営巣が活発で健康な証拠である。蜜を溜める場所を確保するため、蜜層にする場所に残っている一部の蜂児を引き出して捨てる行為だから、群による巣の増築工事の一環なのだ。

4　ベストな巣箱とは

重箱飼育、横箱飼育、丸洞（ブンコ）飼い、巣枠式とある中で、飼育箱はどれがベストか？

重箱飼育は巣板の最上段の蜜だけを採蜜するので、採蜜時に蜂にストレスを与えない。それに同一箱で連年飼いができるから、蜂に優しい飼育だ。重箱飼いの蜜の糖度は蓋蜜を採蜜するから高く、高品質で長期保存も可能だ。それに日常の観察も詳細にできて、趣味の飼育なら重箱がベストだと僕は思う。

巣箱の容積は、５段を完成形にすると最大で50Ｌになるし、いくつでも箱足しして巨大巣にもできる。箱調節して分蜂遅れ、分蜂促進、孫分蜂などを試みるのも重箱の魅力だ。

しかし、日本みつばちを生業にしているプロは横箱がよいという。横箱は春に捕り込んだ新箱の蜜を翌年の秋に全摘し、蜜量は横箱が一番多く、日ごろの管理が容易なこともプロ向きだ。「管理の面倒な重箱飼育では飯が食えぬ」とプロ級の愛好家の声もあり、説得力もある。横箱は容積40Ｌでスタートするからやや広すぎる、採蜜時に重くなりすぎるなどの欠点もある。

一方、40年の長い年月をブンコ飼育一筋の平山名人は、40Ｌの縦箱の山中飼育一筋だったが、重箱や横箱に比べて費用対効果は高いとみた。目下の僕は、丸洞も重箱も横箱も完璧な蜂移しができるまで経験を積み重ね、何がよいかを自分で見極められるよう奮闘中だ。

蜂移しの技術を習得する機会は、年に数回しかない。失敗を重ねてようやくに蜂移しの新箱を越冬させるメドがついた。失敗したが、そのたびに群を死滅させたわけではない。逃去群は電柱で生き延びる。名人の山中飼育の蜜全摘も群を死滅させていない。蜜を採られて逃げた群は、別の巣箱に入って生き延びている。

名人の山中飼育もプロの横箱飼育も簡単に真似ることはできないけれど、ひたすら経験を積むしかない。だから、僕は丸洞飼いと重箱と横箱をほぼ平均して飼育使用している。重箱は採蜜時に蜂にストレスを与えず、管理しやすい。丸洞は壁が肉厚の天然素材で優しいのだが、蜂移しのリスクは高い。横箱は蜜も蝋も生産量が多いことがメリットで、管理も楽だ。1箱か2箱飼うなら重箱がよく、複数飼いなら重箱を3分の1、丸洞と横箱を3分の2ぐらいにするとよいだろう。

5　巣箱の寿命、蜂の寿命

ひと口に寿命といっても、1つの巣箱の寿命、1匹の女王蜂の寿命、働き蜂の寿命とさまざまである。養蜂マニュアルでは、みつばちの発育日数（産卵から孵化まで）は女王蜂が15日で、働き蜂は21日、寿命は働き蜂が最大で50日（内勤20日、外勤30日）、女王蜂はほぼ4年と記されている。これは研究され尽くした洋蜂の養蜂学の数字で、小型の和蜂はもっと短い。

●巣箱の寿命

【成瀬】　巣箱に寿命はあるのでしょうか？　あるとすると何年ぐらいですか？

巣箱に寿命があるのか、ないのか。僕は明快な答えを持っていない。理論的に営みは永久に続くことになるが、実際はそうはならない。「自説です」と断ってから持論を伝えた。

【安江】僕は、日本みつばちの女王蜂の産卵寿命も、1つの巣箱の寿命も2年だと思っています。巣箱寿命2年（2年で衰勢するメカニズム）の根拠は、2回か3回分蜂した後の種箱の夏前の蜂の数が、一気に3分の1以下に減ることが関連して起こります。

分蜂直前に真っ黒に巣板を覆っていた蜂が分蜂によって激減し、残った蜂の数では成長した巣板を蜂で覆えなくなり、白く裸にむき出した巣板に、ツヅリ蛾が直接卵を産み付けます。巣板の中で孵化したスムシが巣板を侵食し、群は逃去もしくは崩壊します。すべての箱で等しく発生するわけではありませんが、新王の新箱から数えて2回越冬するか、大概は2回目の夏の盛りに巣箱の寿命を迎える傾向があります。ただし、これは僕の印象です。

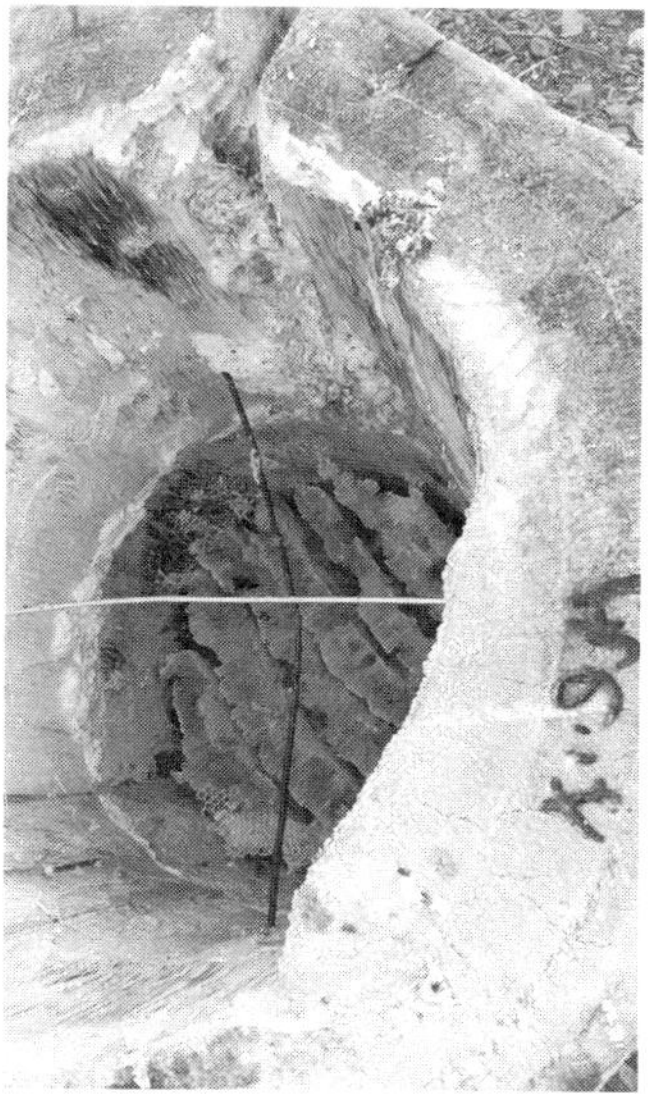
ツヅリ蛾が産み付けたスムシの卵。

●産卵寿命

日本みつばちの女王の寿命は自然界で2年か3年、環境の整った飼育箱でも3年くらいと聞く。産卵寿命の定説はないが、僕は2年だろうと思っている。今年の第2分蜂王(長女王・新王)は、翌年に分蜂して出ると2年王になる。産卵能力は2年王までは旺盛だと考えると、この分蜂群は群勢豊かであっても、さらに翌春に初分蜂して出るときには3年王となり、何とか分蜂しても夏に急速に衰え崩壊することが多い。その前段階の越冬ができないことも多くあった。このケースは、老王ゆえと考えると説得力がある。

新王は事故死リスクも高い。新王は交尾飛行を複数回繰り返すから、ツバメや鳥の捕殺被害やスズメバチ被害を考えると、営巣を始めた新王が翌年、翌々年と営巣場所を変え、3年続けて営巣する確率は半分もない。好条件下の営巣群でも、2年か3年しか寿命がないと考えると、僕の巣箱の女王も、2年生きる確率は半分未満だ。それほど巣箱の生存率は低いのが現実だ。

●家系図

飼育上、母王が何年王かわからないことはネックになる。巣箱の家系図を記録すると、王齢により発生する飼育トラブルの原因がわかり役立つ。どの箱をどうするか、採蜜する箱、越冬種箱にする箱、蜂移しのリセット箱など選択肢が広がる。

待ち箱に入居した王は、おおよその分蜂時期で母王か新王か孫かを判別する。たとえば、群勢の高い巣箱から分蜂を捕って飼育箱を増やせば、群勢の高い巣箱が増えて採蜜も多い。3年王を越冬種箱にすると、女王は冬を越せないか、夏に寿命を迎え、スムシの侵入を許すことになる。

【安江】　群は女王次第といえます。優秀な王も「恐怖のツバメ返し」（第5章3参照）で簡単に群が崩壊します。第1分蜂は、ベテランの母王が率いる大群で、成長する確率が高い反面、3年王だったら夏に寿命を迎えます。母王が何年王かわからないのは飼育上ネックですから、自分の巣箱から出た王の家系図をつくっておきましょう。

元箱の営巣を引き継いだ長女王は、母王が生んだ次女王が生まれる前に営巣を譲って出ます。同じように第3、第4分蜂のいずれの女王も、今年生まれた新王です。巣箱を譲り受けるときは家系図をたどれば、去年の新米王（初分蜂なら2年王）がいいです。新王なら第2（長女王）を手に入れるといいです。第3以降は群が小さく、処王もいたりして期待を裏切ることもあります。飼育箱から分蜂を捕り込むと家系図をたどれるため、選んで種箱をつくることができ、結果的に強群ができます。

【成瀬】　第1分蜂は立ち上がりが早く、採蜜も早くできるので、捕り込み後の楽しみがあると思っていましたが、第1分蜂は女王の高齢の心配があるんですね。その点、第2分蜂の女王は将来性があり、確実ということですか。でも、逃去群といっても来年の種と割り切れば、これまた大事で。

師匠のように、たゆまぬ努力を積み重ねて、できる限りの可能性に手を抜かないことが大事やちゅうことですねー。わかりました！

6　良質な巣箱を維持する適正飼育数

【成瀬】　師匠の飼育数を教えてください。初心者の僕はとりあえず2巣くらいで飼育に慣れようと思いますが、将来的には巣箱の数はどのくらいがいいでしょうか。

【安江】　現在は「つちのこファーム」に3箱、別の3か所に8箱です。適正な飼育数は何箱か、それは周辺の巣箱の数と蜜源の量で決まります。蜜源のない場所に巣箱をたくさん置いても、技術で補うことはできません。

僕のつちのこファームの適正な飼育数は経験で3箱です。ファームは周辺が田畑に囲まれ、妻木川やその支流の須後川が流れる好適地だと思っていたのですが、街が北に開け、東南西の3方向は山まで等距離で約1㎞と遠く、和蜂は飛行に疲れます。ファームの周りは農薬漬けの畑が広がり、しかも少ない蜜源は洋蜂に占領されています。

また、ファームの夏の炎天下は暑すぎて巣落ちが発生しやすく、盗蜂の同志討ちが始まり、極めつけに三方の山からスズメバチが襲いかかります。ファームで10箱を飼育していた年もありましたが、適正飼育数を超えて失敗でした。現在は3箱に減らし、佐橋君に蜂場を借りたり、平山名人の山中飼育を真似たりして、箱を分散させて増箱を模索しています。また、最近は可児の若尾さんや東白川村の前山地区、串原や矢作地区の蜂仲間と飼育を始め、飼育箱の拡散を試みています。

適正飼育数は、蜂場を起点にした周辺事情によって違う。蜜源量、訪花距離、体格、設置環境、群勢を考慮に入れ、飼育可能な全体の箱数を算出する。そして既存の飼育箱数を差し引いた残りが自分の適正飼育数になる。

みつばちの必要とする蜜源面積は、訪花能力、すなわち飛行面積で異なる。前述したが体格の勝る洋蜂は4㎞を飛行し、和蜂はその半分といわれる（本章2参照）。飛行距離をもとに訪花面積を算出すると、洋蜂は12㎢を訪花するのに対し、和蜂は3㎢しか訪花できない。その結果、洋蜂は和蜂の4倍の訪花面積を持つ。また、1箱あたりの蜂の数は、洋蜂が和蜂の2倍以上だ。この2つを計算式に当てはめて算出すると、適正飼育数を知ることができるが、ちょっとむずかしくて解答はわからない。

そこで、僕は簡便な早見表を作成した。それをもとに、自説として、つちのこファームの飼育限界は「3箱」と答えている。一方、洋蜂がいない東白川村の蜜源豊富な蜂場でも、5～6箱が限界なのは、飛行能力が低いために訪花面積の劣る和蜂の宿命だと思う。

●蜜源

【安江】 蜜源事情は思いのほか厳しいです。アカシア林に置いても、アカシアの花が蜜を吹かなかった年に洋蜂が餓死した養蜂家の話も聞きましたし、100箱を養蜂する人も、蜜枯れの季節は砂漠と同じ条件で、100箱を砂糖で維持するようなものと聞きました。大変な苦労があるようです。その点で和蜂は特定の花を集中して訪花する傾向が低く、雑多な植物を蜜源にできるため、周辺が雑木林なら生き延びることは洋蜂より優れています。

【成瀬】 場所によって、巣箱を置く数に限界があることがわかりました。いろんな条件が絡むんですね。中でも、工夫や飼育技術の及ばない「蜜源」は重要な要素なのですか。3箱が限界とは、つちのこファームの事情も厳しいですね。対して半原の茶園に20も30も巣箱を置いて大丈夫なんでしょうか？ 3年飼育して限界がわかるのですね。僕も再来年には、共倒れの恐怖を知ることになるなんて、恐ろしいです。

確かに僕は、いまから3年前に彼の茶園の好環境なら「20、30の巣箱を置くことも夢ではない」と言い、一緒に夢を見てきたが、晩秋の茶花には成瀬さんの和蜂を上回る数の洋蜂と、強敵のスズメバチが訪花していた。

いまでは未熟さゆえの軽はずみな発言だったと、反省している。周囲に養蜂家がいないことを前提にしても、発言の幼稚さは否めない。後になって、同じ里山で養蜂者と仲よく

20、30箱の日本みつばちを飼育することは、物理的に不可能だと知らされた。

●蜜源争奪戦

5年前、つちのこファームの一画に、日本みつばちの訪花の様子を見て楽しむために、蓮華《れんげ》の種を播いた。花が咲き始めると、ファームの日本みつばちが訪花したが、さらなる訪花を期待していると洋蜂が混ざり始め、満開時には洋蜂が占領してしまった。

洋蜂が唸《うな》るほどの羽音を立てて集団で訪花すると、3箱の日本みつばちは蓮華に訪花しなくなった。洋蜂の集蜜能力は日本みつばちのそれに比べて桁違いに高く、群勢で日本みつばちを追いやる。ファームの日本みつばちは蓮華花を諦め、農薬漬けの畑の大根の花や妻木川の土手に咲くホトケノザなど野の花に通う。それは蓮華畑と同様、蜜源樹にも共通する現象だ。

その事象を見て知っているマスターは、「日本みつばちは蓮華の花が苦手らしい」と慰めるが、僕は納得しない。

共同給餌場を観察して、蓮華畑と同じ事象が起きていることに気付いた。

つちのこファームの面積は600坪だ。その菜園に日本みつばちの飼育箱は3箱で、蜂の数は3万匹くらいか。畑に洋箱は1箱もない。しかし、菜園から半径1㎞内に、洋蜂の飼育箱は推定で10箱を超え、少なくとも洋蜂の数は20万匹を超える。

冬の朝、水で溶かした巣屑液を共同給餌場に置くと、まず我が家の日本みつばちがやってくる。しばらくすると洋蜂が飛来し始める。10度を超える暖冬の多かった11月は、毎日同じパターンだった。早朝は洋蜂が3～5匹しかおらず、圧倒的に数の多い日本みつばちが、呉越同舟で巣屑水を巣箱に運んでいるかに見える。

ところが10時を過ぎて暖かくなると、洋蜂が給餌場を占領し、我が家の日本みつばちは1匹もいなくなる。そして洋蜂に占領された巣屑水はあっという間に空になる。水を加えて時間を稼ぎ、白い陶磁器の大皿が洋蜂で埋まり、和蜂が1匹もいないことを確かめバーナーを着火させて殺戮する。

我が家の巣箱を守る適切な手段だと自分に言い聞かせるのだが、それは鉄砲かバーナーか、人間か蜂かを問わず、ベトナムや沖縄の戦争と同次元の殺戮行為の縮図でもあり、手を加えた僕の心は痛む。

おそらく戦争は、こうした単純な自己防衛から端を発して始まるに違いない。自利より他利？　そんな聖人にはなれない。いまやテロや難民問題は、国の利益が入り乱れて複雑怪奇､愛国心や自己防衛で語れるほど単純な問題ではないけれど。いやいや､話の筋が違ってきた。本題に戻さなくては……。

我が家の洋と和のみつばちのせめぎ合いは、我が家の事情に留まらない。「和」が「洋」

によって駆逐されてしまう。これは日本の里山のいたるところで見られ、固有種が減り続ける深刻な事態の縮図そのものなのだ。

7　給餌レシピ

平成27年の5月下旬、成瀬さんの茶園の隅に置いた丸洞の待ち箱に、小さい群が入居した。この時期の入居は第3以降の分蜂か、どこかの逃去群と考えてよい。小群の体力増進のため、砂糖水（砂糖等割水）による給餌を伝えた。給餌は一様ではない。

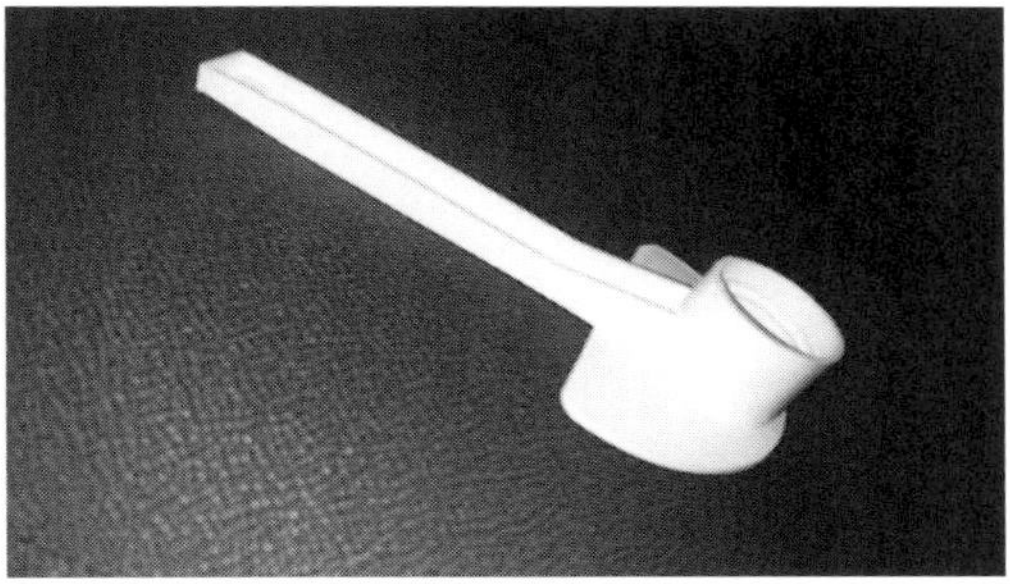
外から飼育箱の中に入れる、ボトル型給餌器。

【成瀬】　丸洞の入居群は、順調に花粉蜂も通うようになりました。給餌は続けたほうがいいですか？　まだ300㏄はありますが……。

【安江】　花粉蜂が頻繁に通えば安定営巣に入っていますから、蜜源豊富なこの時期は給餌はやめていいです。これからの日中の給餌は、スズメバチを呼ぶかもしれません。これ朝までに飲み切る量として100㏄に留め、あと3日分を夜に給餌して使い切ってください。3日分をまとめて1日で給餌してはいけません。

この給餌特別レシピは、数日前から丸洞の中で営巣していた群を、丸洞から巣箱に移してリセットしたときのものだ。蜂移しは小さな群に大きなストレスを与える。お詫びの気持ちを込めて、１日１００cc限定で砂糖水１Ｌを夜に与えるよう伝えた。

その理由は入居して数日経過しており、腹に溜め込んできた蜜は吐き出してなくなっていると考える。新箱に移した数日間の夜だけ吸う分を給餌で与えて、無事に再営巣をしてもらう算段だ。夜だけの給餌にしたのは、訪花最盛期の５月だから。昼間は訪花を促し、夜は代理蜜を補足する戦略で、盗蜂を呼ばない計算も入っている。

また、自然に回復するところをあえて給餌するのは、巣箱にリスクを与えず成瀬さんに給餌経験を積んでもらう狙いもある。時期とケースで必要な量と与え方が違うことを知ってもらい、ついでに給餌のデメリットを理解してもらういい機会となった。

成瀬さんは７日経過した時点で、花粉蜂の出入りを確認したと報告してきたので、「３日で使い切るように」とメールしたわけだ。暖かい時期の給餌残りは発酵が進み、害になる。使い切るか捨てるかしかない。まとめて給餌するとトラブルを呼ぶ。

●給餌の失敗例

【成瀬】 別件の崩壊した巣箱ですが、給餌のどこがいけなかったのでしょうか？　その方法なのか、置いた場所なのか、与えた量なのか、給餌そのものなのか……。

【安江】 給餌がほかの巣箱からの盗蜂を誘発した結果だと思います。蜜源や採蜜、群固有の強弱などの複合的な事情があり、給餌の方法や量、給餌そのものの良し悪しは断定的な回答はありません。給餌はダメだという人もいますが、給餌に頼らないと飼育を続けられないという人も同じようにいます。僕もその1人です。

給餌は食料を補うものである。本来の群は越冬用の蜜を貯蜜しているわけだが、採蜜されすぎると蜂の食料となる蜜が不足しやすい。しかし、巣箱を内検して貯蜜量を判断することはむずかしく、せいぜい箱を持ち上げて重いか軽いかを判断するくらいだ。

複数の巣箱のうちの、1つの箱に給餌すると盗蜜が起こり、喧嘩を始める。解決するには秋に蜜を採らないか、十分に越冬分の蜜を残してやることだろう。複数の巣箱のある場所では、同時に均等にすべての箱の中に給餌することで盗蜜を防ぐ。

8　アカリンダニ

アカリンダニはみつばちの気管内に寄生するダニで、日本では平成22年に長野県で感染が確認され、以後各地に広まっている。感染すると、蜂は飛翔力がなくなったり徘徊したりし、弱って遂には死亡する。

【成瀬】「アカリンダニに気を付けろ」と伺いましたが、大丈夫でしょうか？　うちのトップスリーの飼育箱では、暑くなって以来、巣門の出入口付近に居座る蜂が目立ちます。羽で風を送り込んでいるのも確認できますが、100匹くらいがたむろしています。花粉や蜜を運ぶ外勤蜂の出入りは、すさまじいくらいに多いのですが、夜でも中に入らずにいるのもいます。たむろしている蜂たちは、徘徊しているようには見えないんですが。

【安江】大丈夫です。和蜂は暑さに弱いため、勢力群なら夏の夜に巣箱に入らないのがいるのは普通です。最盛期は巣箱の中が暑いですから、蜂も多くあふれ出て、夜は巣箱の外に出ます。

アカリンダニの感染目安は、「集団で徘徊し帰巣しない」「K・ウイング」（羽が開いたまま閉じない現象）「大量死」の3つです。巣門から放射状に外へ徘徊し、巣箱へ帰ら

アカリンダニによる大量死（冬）。

ない段階はもう手遅れです。感染したまま越冬すると、越冬中に蜂の数が減り体温（温度）が保てず崩壊します。

最盛期のいまは産卵が盛んで、汚染死数を孵化数が上回り絶対数が多いので大丈夫です。いまは蜂の羽を観察し、羽を閉じられない蜂が多くいればダニ感染していますから、巣箱の中に蟻酸《ぎさん》またはメントールを入れて対処してください。月桃草《げっとうそう》の葉もダニ退治の効果があると聞きましたが、僕は試していません。

9　巣板の成長を促す箱足し

箱足しとは、巣板の成長に合わせて重箱を継ぎ足すことをいう。これによって巣板が大きく伸びて、採蜜量も増える。ただし、分蜂を抑える効果もあって、それは増箱せず痛し痒しだ。

【成瀬】3段目の箱をいつ継ぎ足せばいいのですか？　あれだけ活発に出入りしていると、悩んでしまいます。基台に付く前とは、王台をつくる前ですか？

【安江】箱足しのタイミングは、増えた蜂があふれて巣板の先端が基台の底に付く前です。巣板の成長の早い春は、早めに継ぎ足しましょう。早すぎる箱足しや2段まとめ足しは分蜂や成長を止める要因になり、遅いと王台をつくって分蜂行動に入る傾向です。

4月の箱足しは遅いほうが分蜂を促進します。群の貯蜜能力の差があるので、内検して巣板の成長に合わせて、巣箱ごとに判断します。今時分（6月中旬）なら、巣板の最下部が底から10㎝くらいまで伸びたときがベストでしょう。分蜂直前に箱入れすると、巣内が広くなり分蜂をやめることがあります。よく見て自己判断で時期を計ってください。

春に2回分蜂した巣箱の巣板は、内検で伸びているように見えても、蜜層の半分は空だと思っていいでしょう。子別れして2回も出た蜂が、蜜を持っていきましたからね。

その上にさらに箱が2つも足されたら、蜂たちは巣門から巣板にたどり着くまでに歩き疲れます。空の蜜層が蜜で満たされるまでは、箱足しを待つべきです。さもないとツヅリ蛾の侵入を許して、スムシ被害のパターンに入ります。

僕は、昨年の3月に、越冬した種箱に1段重箱を積み足しました。基台込みで4段です。そのうち、せいぜい2段が巣板だったんですが、推定して、蜜は半分になっている箱で、さらに1段の重箱を乗せた状態です。

僕の不安は的中し、初分蜂は2か月遅れの5月末になりました。これは、言い換えれば、巣の下方に空洞をつくれば分蜂を回避または遅らすことができる例です。その上で採蜜に結びつけば、蜜量も上がると思います。

理論上は、健康群の分蜂を抑えれば大群ができて巣板は成長し、結果大量の蜜が生産できます。そのためには、僕は経験していませんが、新しい王台をつぶす方法があります。

僕の場合、重箱飼育箱は、越冬直後の3月初旬に重箱を1段積み足すと分蜂抑制効果が認められました。箱を足すと下方が広く空き、突然成長可能なスペースができたことで王台をつくらないまま営巣を続け、分蜂を遅らす結果になります。また、横箱は、あらかじめ大きな定容積の巣箱でスタートするため、分蜂も標準時期より早まることはありません。

十数年前、東白川村の古民家で週末暮らしをしていたときのことです。木造2階の板部屋に巨大な日本みつばちの巣殻が残っていました。前の所有者が、巣の真下の部屋に蟻の大群が集まっていることから、蜜漏れを発見したそうです。つまり、雨戸で閉ざされている木板の暗くて広い部屋は、営巣したみつばちにとって、子別れする必要がないほど巣が大きく成長したのです。巣の大きさは、一緒に現場を見た林汐夫君や高橋富夫君が「傍にあった机が小さく見えた」と表現したほどです。

新箱の巣から床まで蜂が鎖のように絡まって下りている（蜂の鎖）。

その後、成瀬さんは箱足しをした。蜂の鎖も確認できて写真を送ってくれた。また、茶園に置いた巣箱は、吹き降りの雨のたびに基台がずぶ濡れとなり、周囲に黒カビが生えて、蜂の通いが活発でなくなったらしい。そこで屋根を大きくしたという。

●暗くて狭い空間

【安江】 分蜂の後に種箱に箱足しをされましたね。その後の巣板の成長を教えてください。3段目が蜂であふれて4段目まで下りていますか？　それなら採蜜です。それから新箱に同時に2段を箱足しされましたね。その後も順調に巣板を伸ばしていますか？　積み上げたその後の成長具合を教えてください。僕の2段積み上げた巣箱は、環境の大きな変化が影響して巣板の成長が進みません。

【成瀬】 種箱は茶蜜を吸って冬を乗り越えたもので、ぜひ味を確かめたい注目の巣箱です。採蜜したいのですが、現在の巣板は3段目の下のラインジャストですから、採蜜の決断がつきません。

1段あたりの容積が9Lもあるため、成長に時間がかかっているのか、それとも、2回の分蜂後で成長が遅れているのか。中をのぞくと、3段目の真ん中くらいに白い巣板が見えますが、蜂がビッシリ張り付いていない巣板があります。一度に重箱を2段積み上げた巣箱の成長具合は、ご指摘どおり成長が遅くなりました。手抜き管理はアカンということでしょうか。いろいろと勉強です。

【安江】 成瀬さんの蜂が茶園を訪花するという環境を考えると、いまなら5段まで巣板が伸びていてもいいところですが、成長が鈍いですね。原因は、重箱の容積が大きいことと、急に同時に重箱2つの広すぎる空間を提供したことだと思います。

僕の場合は、越冬した3月の終わりに箱を足したら成長が止まり、種箱が新箱に成長スピードで負けています。2段積み上げが原因と決めつけることはできませんが、まとめて2段の箱足しはやめたほうがいいことになります。成長に合わせてその都度箱足しするのが、重箱飼育ですから、手抜きはアキマヘン。

【成瀬】広い空間だと、蜂が頑張って蜜を集めたり、早く空間を埋めて分蜂させたいと思うのかと思いましたが、違うのですね。こちらは蜜をたくさん採りたい目的があるので、知恵比べですね。

【安江】2~3回も分蜂すると巣板の蜜は減り、残った空の長い巣板と数の減った蜂と未熟な新米王で、分蜂前の勢いに戻すのは容易なことではありません。その上に2段も箱を足され、蜂たちはもう嫌になったのでしょう。みつばちは、急激な変化と広すぎる空間を好みません。「暗くて狭い空間」が大事です。ただし、広すぎる空間でも、蜂の嫌う急激な変化がなく、継ぎ目のない箱の中を歩いて移動できる横箱は蜂にとって快適です。

以前、集蜂板の蜂球を100Lの容積もある巨大な蜂洞に入れ、徐々に通いが減り活動が鈍って崩壊した経験があった。その崩壊巣を解体したら、巣板にスムシがつづっていた。

暗くて狭い空間の「狭さ」は飼育ポイントだ。蜂球の10倍も超える空間内部を蜂で覆い尽くすことは不可能だ。ツヅリ蛾は容易に侵入して産卵する。特別な例を除けば、巨大な巣箱の中で群が巨大化することはないといっていい。重箱の飼育者は適切な狭い空間を常に用意し、与える必要がある。

10 お引っ越しは寒いうちに、暗いうちに

分蜂を捕り込んだ直後の巣箱を移動して失敗したことは前述したが、ここでは新箱移動や夏場の蜂移しでの失敗例を紹介する。

●ハチアワセ

5年前のことだが、分蜂を巣箱に捕り込み、日中にファームへ運んで失敗した。既設の巣箱の2m隣に、ハチ・マイッター（本章12参照）も付けずに横並びに新箱を置いた。そして巣門を開けたと同時に、新箱の蜂が一気に噴き出て、隣の箱の蜂と大喧嘩を始め、新箱の蜂が大量死して崩壊した。いわゆる蜂と蜂の「ハチアワセ」である。僕の未熟なミスだ。ミスとは、2mの「近さ」や「横並び」ではなく、日中に「移動」「セット」「巣門開放」の作業を連続して一気に行ったことだ。夜のセットなら朝までの時間で解決できただろうし、昼間の設置なら巣門開放をわずか30分でも遅らせれば失敗にならなかった。

この失敗から次のことを学んだ。

・設置後はしばらく巣門を閉じ、蜂を落ち着かせる（夜の設置がセオリー）。
・ハチ・マイッターを装着して女王を出さない。
・夜もしくは時間を置いて巣門を開ける（移動時間が長いほど）。

新箱の群は長時間の移動で混乱している上、設置直後の日中に巣門を開ければ、混乱した巣箱から女王も出てしまう。みつばちは女王1匹で成立する真社会性生物だ。他所の女王が自分たちの前に飛んできたら、決死の覚悟の大喧嘩が始まるのは当然だ。かくして新箱の群は、予期せぬ真昼の不意打ちに遭い、成すすべもなく散った。

●真夏の蜂移し

次は、真夏に新箱へ蜂移しして失敗した例だ。春に新品の丸洞に入居し、そのまま飼い続けて夏が来た。丸洞は蜂がもっとも落ち着く巣箱だし、営巣歴のある待ち箱をつくれば、来年の入居率も高まるから丸洞をそのまま飼育するのは一石二鳥だと考えていた。

しかし、巣落ち防止棒を入れていない小さめの丸洞は、夏までに箱の蜜は満タンになる。だから、やむなく蜂移しをしなければならなくなるが、理由のいかんにかかわらず、夏の蜂移しは流蜜で溺死する蜂も多く、新箱に移しても「急激な変化を嫌って」逃去を誘う一大事になってしまった。逃去は虚脱感に襲われ気分もめいるが、自然帰りと寛容の心で立ち直るように訓練したから、いまは大丈夫だ。失敗から学んで、蜂移しと採蜜は必要に応じ分蜂後の春かセイタカアワダチソウの咲く前の秋にすることだ。

●逃去のメカニズム

2月の後半から3月の初旬は、越冬した種箱から分蜂するよう巣箱の活動を活発化させる大切な準備の時期である。僕もわずかな給餌を始める。

【成瀬】　自宅の巣箱を茶園に移動するタイミングがわかりません。師匠が「移すならすぐにやれ」と言われる根拠もいまいちわかりません。

【安江】　「すぐに」とは「寒いうちに」。つまり、「暖かくなる前に」という意味です。日本みつばちの巣板は熱に弱くもろいため、営巣中の巣箱を移動するのは厳冬期がベストです。いまは、産卵が始まっているときなので、急激な環境変化は避けたいです。

暖かい時期の移動は逃去リスクを高めます。巣箱の移動は冬の夜に行い、移動先で夜が明けるまでの時間を稼ぐことがセオリーです。彼女たちは危険を感じると逃去の態勢に入ります。営巣箱が連続して10分以上激しく揺れると、まず蜜を吸って逃去準備に入ります。

いったん吸った蜜が腹の中にある間は、逃去態勢を崩しません。逃去態勢を解くには、蜜を元の巣板に戻す時間が必要です。

箱の外が明るく巣門が開いていれば、逃去態勢にある蜂は逃去します。巣箱を夜に移動するメリットは、蜜を巣板の蜜層に戻す時間を稼げる点です。これが、「移動は夜」の理屈です。ただ、僕の師匠たちは手慣れたもので、種箱を分蜂期の4月に、しかも日中に普通に移動しています。僕たち素人は真似しないほうがよいでしょう。

後日談だが、成瀬さんは、2月半ばの夜に巣箱を自宅から茶園に移動させた。寒さのせいもあってか蜂たちは落ち着いた様子で、ハチ・マイッターは外したという。

11 飼育場所の3要件

飼育場所の3要件（近隣事情・蜜源事情・設置環境）が満たされる飼育家は限られる。これは、意欲や飼育技術で補えない別次元の飼育上の問題だ。

●近隣事情

住宅密集地や市街地、通学路沿いで飼育することはむずかしい。分蜂騒動で苦情が出るなどの近隣トラブルを引き起こす（第6章2参照）。みつばちは巣箱に近い、白い場所に好んで糞尿飛行する。つまり、白い建物の壁も車も洗濯物も彼らの脱糞ターゲットになる。みつばちの飛行ルートを完璧にコントロールすることは困難だ。

●蜜源事情

周辺に巣箱数を賄うだけの蜜源（花や木、水）があるかどうかは、最大の飼育要件だ。周辺２㎞と言いたいが、僕の勘ではそれは遠すぎる。２㎞も先の蜜源まで訪花して栄えた巣箱は見たことがない。蜜源が１㎞先でも豊かなコロニーを維持できるとは考えにくい。ようやく花にたどり着いた蜂が、腹いっぱいに吸った蜜や花粉を付けて帰れば、疲れて休む。さぼり癖のある家族は繁栄しない。

日本みつばちの飼育ブームをつくった藤原誠太氏は、著書で「銀座のビルの屋上で日本みつばちを飼っている」と紹介したが、いまでは洋蜂に変わってしまった（名古屋学院大学も同様の傾向にある）。

●南東に開いた設置場所

最後の要件は巣門の方角だ。巣門は南か東に向け、その方向に前が90度以上に大きく開けた場所が望ましい。西日が当たるとか北風が当たる巣箱では、逃去もせずに機嫌よく四季を暮らすことはない。

ただし僕たちは、しばしば待ち箱の設置場所と飼育箱の設置場所をまとめて説明しがちだ。間違いではないが、じつは少し違う。待ち箱の活躍期（使用期）は、主に4月から3か月の限定期間で、南東の方角にこだわるよりも前が開けたロケーションを優先するし、すでに蜂群が営巣している箱は、前が開けていることよりも木陰がいいのだ。

●地元の山中飼育

飼育場所の3要件を満たす1つが、山中での飼育だ。山中飼育といえば、平山名人の名前が真っ先にあがる。名人は、30代のころから土岐市の製陶所に勤務する傍ら、余暇のほとんどを日本みつばちの山中飼育に費やしてきた人だ。

あるとき、名人の案内で蜂場を見せてもらった。名人の蜂場の、岩場の陰はカップ酒の空瓶が隠され、岩のすき間にぐい飲みが伏せて隠してあった。名人は製陶工場勤務外のほとんどの時間を、4か所に分かれた山中の、50箱ほどの巣箱の点検に費やし、休む傍らで蜂を見ながらチビチビとやっていたに違いない。これもまたいい人生だったろう。いまは名人から譲り受けた蜂場に残された、名人の使い込んだ頑丈な箱を師匠たちと共同で使わせてもらっている。

名人とは別に、岐阜県の東濃地方にあたる瑞浪市日吉町でも、山中で飼育している人がいた。彼は自宅の裏山の南斜面のあちこちに箱を置き、秋に採蜜した後に逃げた群はどれかの箱に入る、「山全体が蜂場」という考えだという。
僕は自然飼いの極みがうらやましくなり、数日後に現場を見に行って圧倒された。山の南斜面全体に、１００箱ほどの縦巣箱がいたるところに置いてある。しかし、箱は放置状態で雨仕舞いの屋根に落ち葉が積もり、何だか身寄りのない墓石に見えて、息苦しくなった。放置された巣箱は、甚だしく景観を損ねる。一方、平山名人の清潔に保たれた山中飼育の丸洞風景は、山中の景色に溶け込んで美しかった。

12　ハチ・マイッター

はちまいた？　8枚板？　何それ？

ハチ・マイッター（吉岡重則さん作）。

6年前、中日新聞の催し物欄に「日本みつばち根の上塾」の開講案内が掲載されたのを女房殿が見つけ、2人の師匠とは違う飼育者の話も聞いてみたいと思い、夫婦で3回受講した。はじめての講習会場では、飛び交う専門用語がわからない。日本みつばちを飼育する上で、「8枚の板」

は重要な板に違いないと想像した。

だが、まさか女王が「こりゃー参った」と降参する女王逃亡防止装置だとは知らず、実物を見て納得し、苦笑した。そして3000円の3・8㎜柵の正規のハチ・マイッターと横箱6000円を土産に買い込み、丸太のくり貫き実演を勉強して帰ってきた。ハチ・マイッターは、グッドネーミングの座布団ハチマイダー。

●付ける、付けない、さあどっち?

ハチ・マイッターの効果的な付け方とは? そもそも付けるべきか、付けないべきか、信用できるものなのか……。

【成瀬】 渡辺君が自分の飼育する蜂は大きめだからと、ハチ・マイッターの柵幅をドライバーで広げました。群は逃去してしまったのですが、これと関係ありますか?

【安江】 本当のところはわかりませんが、関係ありそうです。ハチ・マイッターは女王を逃がさないための装置ですから、広げたら柵の機能はありません。働き蜂が柵を無理にくぐり抜けていてかわいそうなら、外せばいいのです。第1と第2分蜂は比較的女王も大きく、安定した群なのでマイッター無装着主義の人も多いです。

第3以降の分蜂は無王や処王の場合が多く、体格もスリムで装置をくぐり抜けることも多く、万能とはいえません。それでも僕は付けますが、外すか付けるか、無装着にするかは自己判断、自己責任です。僕はセオリーとして1分間に10匹以上の働き蜂が花粉を運べば、取り外します。つまり、花粉を運ぶ蜂が見られれば、安定営巣に入ったと判断するわけです（このように答える一方で、ときどき無装着もあるのだが）。

【安江】　ときどき、第2群（長女）につられて第3群（次女）が連続分蜂することがあります。そのときの第3王（または第4王）は無交尾の処王が出やすく、その場合、ハチ・マイッターで逃亡を阻止すると交尾に行けませんから、無精卵を生んで群は崩壊します。外せば逃去、付けると無精卵、あなたは「さあどっち?」。

第3や第4分蜂あたりから不安定な群になりやすい。それは蜂群に無王や処王が出るからで、「逃去」には処王が交尾に行き、群とともによそへ行くことが含まれる。第3以降の群を安定群にする秘訣は、勝手に逃去させてあちこちに置いた待ち箱へ自然入居させればよい。家康方式入居群はトラブルが起こらない。そのためには巣箱にハチ・マイッターを装着しないことも選択肢の1つだ。

●外すタイミング

ハチ・マイッターは、巣箱から外す時期を見極めることが大切だ。

【成瀬】　種箱から分蜂した群を同じ場所で飼育する場合や、箱を移動した直後は、ハチ・マイッターに頼らざるを得ないわけで……。箱の匂いとか環境以外にも逃去の原因があるみたいで、最小限でも3～5日は装着して、働き蜂が通い始めたら早めに外したほうがよいのでしょうか？

【安江】　逃去の原因は個別でさまざま。前述のとおり、外すタイミングのセオリーは、巣門を通る花粉蜂の数が1分間に10匹程度になったときです。僕は少々横着で、花粉蜂の数を重視せず、普段の通いを確認したら、無王群や処王群を巣箱に捕り込んだ場合を考慮して2～3日でハチ・マイッターを外します。ですから、「通い始めたら早めに外す」でよいですが、早めの日数は自己責任です。

13　新発見！　新王はスリム

【安江】　今日の夕方に体験した新発見です。4日前に分蜂した群は桐の丸洞に捕り込みました。今日、その丸洞が甲高い羽音で騒がしく、見たら数匹の雄蜂がホバリングしていました。よく見ると雄蜂に混ざって一目で腹の細長い女王がいて、装着したハチ・マイッターの前で丸洞の中へ入ろうとしていました。一瞬、スマホで撮影しようとも考えましたが、そんな場合ではないと、ハチ・マイッターを外したら女王と数匹の雄蜂は自ら丸洞の中へ入りました。

つまり、丸洞の中にいた（に違いない）女王は、ハチ・マイッターをくぐり抜けて外へ出た後帰ってきたが、丸洞に入れなかった。この事実からいくつかの仮説が成り立つ。

4日前に捕り込んだこの群は、僕の種箱の第2分蜂だったから、長女王で交尾済みのはずだ。交尾済みの女王は腹ボテ（女王は交尾の際に体内に精子を取り込み、産卵のたびに取り出して受精しているため、交尾済みの王は腹が大きくなっている）だから、ハチ・マイッターをくぐって出ることはないと信じていたが、まずこれを改める。

つまり、長女王が丸洞を出るときはスリムで、帰ったときは腹ボテだった事実から、再交尾に出るときの体はスリムということになる。母王率いる第1分蜂箱以外は、ハチ・マイッターをセットしても役に立たない場合があり得ると知るべしだ。

次に、今回の疑問の1つに、たくさんの雄蜂の存在がある。みつばちはその地域ごとの空中に「蜜蜂道路」があって、その交差点で交尾するらしい。あちこちの未交尾の雄蜂の残党が群をなして交差点で待ち構えていて、女王が巣から飛び立つと後を追っかける。自分の群にいる雄蜂は、柵で止められ丸洞から出ていないから、丸洞の巣門前にいるのは、どこからか追っかけて来た雄蜂だったとわかる。これをもって、雄蜂は巣箱間を容易に水平移動すると知るべし。病気やダニはこうして広がる。

種箱から初分蜂した母王はスリムになれず、ハチ・マイッターの効力は発揮され「参った」となるが、新王は交尾飛行前にスリムに戻る。だから、ハチ・マイッターをくぐり抜けて再交尾飛行に行く。もしもハチ・マイッターの装着された巣箱の外にいた女王を発見できなかったら、この群は翌日の日中に働き蜂とともに逃去しただろう。

逆にハチ・マイッターが新王にも効くなら、長く装着し続ける危険（デメリット）も考慮しなければならない。安全のためとか安心感があるとかといって長期装着すれば、処王のまま飼育し続けることになる。

しかし、目で見て理屈で知ったいまでも、僕はすべての新箱にハチ・マイッターを装着しないと落ち着かない。習慣がそうさせてしまう。

さて、成瀬さんのメールは遠慮気味だが、「信じられない」と僕に伝える。

【成瀬】ハチ・マイッターの柵をすり抜けて女王が外に出ていた？　本当ですか。柵を出るときはすり抜けられて、なぜ戻れなかったのでしょうか？　僕にはさっぱりわかりません。

あの丸太とマイッターのすき間をふさぐ、白い布のようなパッキンは、十分に密着していたのでしょうか？　それにしても、運よく発見されて中に入ったからよかったですね。まだ女王を見たことがないので、写真でもいいから見たかったです。師匠の仮説をよく読んで考えます。

成瀬さんのメールは核心に触れず、暗に「僕の丸太はすき間だらけで、すき間から出た女王が帰ってきただけ」と言っているようなものだ。そこで次のメールでダメ押しをした。

【安江】 分蜂順は母親の次が長女、次が次女で、母と長女王は一定の間（4~7日目安）を置いて分蜂しますから、交尾済みの産卵経験王です。母王は腹ボテで、新米王は母親よりスリムです。僕の仮説「新王は産卵するとスリムな体に戻り、ハチ・マイッターをすり抜ける」は、交尾経験も産卵経験も少ない新王は、初年度は数回にわたって再交尾を繰り返すことに基づきます。

新箱へ分蜂を捕り込んだ日から4日経過すると、1回目の産卵を済ませ、スリムになって交尾に行くと考えます。母王はすでに精のうを取り込んでいるため、交尾飛行に行く必要はなく、よって定着率が高いのです。逃去を試みても「ハチ・マイッターに参った」と諦めるケースは、この母王がほとんどでしょう。

●ハチ・マイッターは必要か

ハチ・マイッターをすり抜けるほどにスリムになった新米王が、外で精のうを取り込んで帰ってきたが、巣門の柵が狭くて入れなかったらどうなるか。女王がいつまでも外にいれば、巣箱の中の蜂が外に出る。つまり、この群は逃去するしかない。となると、マイッター柵が逃去の原因をつくってしまう。

この仮説を渡辺さんの逃去に当てはめると、「新箱で営巣を始めた女王は新米で、柵をくぐり抜けて交尾飛行に出て帰ってきたが、精のうを取り込んで腹ボテとなり、柵が邪魔で巣箱に入れなかった。見かねた巣箱の中の群が外に出て一緒に自然群になった」となる。

これはドライバーでマイッターの柵を広げることなど問題ではないことになる。この仮説が正しければ、装着しないほうが正しいことになりはしまいか。ハチ・マイッターを必要なしと考える飼育者が多くいるのは、これが根拠なのかもしれない。

ハチ・マイッター内に留まる女王のために、逃去できない蜂群。

●電柱逃去群の事例

吉澤プロに手伝ってもらって横箱に捕り込んだ東白川群は、ファームで丸1年半営巣した秋に採蜜した。正味13kgの良蜜が採れたから満足だったが、新箱に蜂移しした群は逃去行動を繰り返して箱の中に入ろうとせず、巣門の外に塊をつくったまま2日経過した（写真参照）。

この横箱は25㎝角の奥行き60㎝もある。夜は飛び立たずマイッターを外せば蜂は箱の中に入るだろうと予測して、夜を待ってハチ・マイッターと巣門を開けたら、彼女たちは一斉に飛び立って収拾がつかなくなった。隣家の窓の灯りに飛ぶ蜂も出たので諦めて朝を待った。

翌朝の巣箱には蜂は1匹もいない。秋の早朝は気温も低く、遠くに飛んでいない。近くの樹の枝を探したが見つからず、やむなく会社へ出勤した。早めに帰宅して再度見回っても見つからずに諦め、作業小屋の横にある水道の蛇口をひねった途端、つながっていたホースの先から飛び散った水が傍の栗の木にかかり、はずみで栗の木からすごい羽音とともに大群が飛び出した。ここにいたのだ。乱舞した群は、近くの電柱のアース穴に吸い込まれた。

これからが大事だ。この電柱逃去群は、蜜を持たずに10月5日に電柱の中へ逃去した。熱伝導が高いコンクリートの電柱は、冬に冷気を溜め夏に蓄熱する。10月に蜜のない逃去群が越冬することは困難、と諦めたが、彼女たちは大晦日も正月もファームの共同給餌場に通い続けた。

そして悲観する僕の心配を裏切って、見事に春を迎えても通い続けた。越冬したのだ。この電柱群は遅れて5月に分蜂し、隣家の柿の木に蜂球を形成した。正常の分蜂群は蜜を腹に蓄えて引っ越しするが、この電柱群は10月に蜜ゼロで逃去し、冷気たっぷりの電柱で越冬した。秋に裸一貫で営巣を始めても、生き延びた事実は大きい。

この事件ではハチ・マイッターの威力が証明された。この逃去箱はハチ・マイッターを外すまで（逃去まで）の2日間、女王は巣箱に閉じ込められて出られなかったわけだ。ハチ・マイッターを外した一瞬のすきに外に出て、ブンブン状態で収拾できなくなった。つまり、ハチ・マイッターは役に立つことになる。

この電柱群が新箱に落ち着かなかった原因もわかった。それは生材で製作した巣箱の材質不良だった。生木はアクを抜く作業を忘れるなかれ。さらに、一部といえども生のコンパネ材を使うなかれ。

この電柱群は、電柱で分蜂した後も通いを続けていたが、真夏に営巣を終えた。通いが止まった日は、ほかの飼育箱で巣落ちが発生した日と同じだった。この年の高温多湿は、過去に経験しなかったほど過酷だった。日本みつばちは冬より夏のほうが過酷だ。僕の経験則でも、巣箱の崩壊は冬より夏が多い。電柱群が教えてくれた教訓でもある。

14　無王と処王

成瀬さんの2つの待ち箱に、分蜂群が連チャンで入居した。第2分蜂以降は連チャン分蜂が起こりやすく、その関連で無王や処王が出やすい。この機会をとらえて自説を交えて一応の注意を成瀬さんに伝えた。機の熟さない後出の群（妹王）が、先出の群（姉王）に誘発されて巣箱の外へ出てしまうと無王や処王が出る。

処王は無事に交尾さえできれば営巣を始めることができる。一方の無王群は女王が加わらない限り、崩壊する。処王群の多くは巣箱から逃去し、交尾を終えて空箱に入ったり自然巣になって営巣する。多くの飼育者はハチ・マイッターの精度が原因で逃去したというが、精度が保たれていても処王群は逃げることが多いのはそのためだ。

連チャン群の2つの王は、予備王として、ほぼ同じ日に同時進行で育てられ未交尾のまま押し出される。処王は産卵せず交尾逃亡行動を繰り返す。一方の無王は、群にいるべき女王が何らかの事情で群の中にいない。たとえば同時誕生の妹王が間引き（長老蜂によって殺害）されている、などだ。

体格差の違いと相まって、ハチ・マイッターは万能ではないと肝に銘じることだ。

15　飼育にまつわる経費

名人の山中飼育を見て、和蜂は名人の平山方式がよいと思った。名人は飼育用品に無縁の山中飼育をやり遂げた人だ。ハチ・マイッターもスズメバチトラップも蟻酸も、巣枠式巣箱も使うことはなく、重箱も横箱も不要だという。BT材（第5章5参照）や金陵辺の値段を言うと、「そんな高い買い物は」と顔の前で大きな手を横に振った。名人は酒店で一升の空瓶を調達し、垂れ蜜を6本詰めして（15kg）九州へ送ったと聞いた。

名人の蜜の生産量は「年の飼育箱数×5kg」以上だったから、軽く僕の数倍になり、費用対効果は高かったに違いない。名人は、蜜の販売代金は「家計の足しにした」と言い、奥様は「酒代になっただけよ」と言い返して笑っていた。本当のところはどっちでもいいが、あの岩陰のぐい飲みやカップ酒の空き瓶を思い出すと、案外奥様が全部お見通しだったのかもしれない。

いま、多くの定年組愛好家は、新しい道具を買い揃える。僕もその一人で、金陵辺、誘引剤、メントール、BT材、ハチ・マイッター、スズメバチトラップ……書くにいとまがないほど養蜂具の世話になっている。だから、批判も反論もできないが、ホビー養蜂の理想は平山名人から学ぶべきだ。

その反面、いまや自分の巣箱の分蜂を逃がさないためにも、金陵辺も誘引剤も手放せないのが実情ともいえる。岐阜県を汚染しているアカリンダニ感染から巣箱を守るには、蟻酸かメントールも買い揃えて投与しなければ巣箱が守れないほど個体数は激変している。逃去を防ぐために、ハチ・マイッターを放棄する勇気はない。スズメバチにはスズメバチトラップで対抗し、スムシ対策はBT材に頼る。

そうしてようやく採蜜にたどり着くと、経費に見合う価格で売れるほど現実は甘くない。和蜂はホビー養蜂の域を越えられない。採算性の高い洋蜂と競合するのはむずかしく、和蜜養蜂で生業はむずかしい。採蜜量が少なく飼育が難儀なことは生業に致命的な欠陥だ。

では和蜂は、その奥深さにハマった定年組の好々爺の趣味でしかないのか。いや、そうではない。里山に和蜂が飛び交う風景を復活させたいから、飼育しているんだ。固有種を絶滅から守るために、飼育するんだ。そう強がりたい。

16　日本みつばちの蜂蜜

少し蜂蜜に触れて「飼育」のまとめとしたい。

試行錯誤の飼育を続けていると、夏が過ぎて秋になる。秋は採蜜のベストシーズンである。秋に採蜜した和蜜は、西洋みつばちの蜂蜜と決定的な差別化を図ることができる。2つの蜂蜜の違いを、「単花蜜の洋」と「百花蜜の和」だけ語って終わってはモッタイナイ。

さらなる違いとして「夏越しの和蜜」（巣箱の中で夏を越した蜜）に勝る蜜はほかになく、中でも、ザルの上に濾し布を広げ、蓋蜜だけを刻んで入れた垂れ蜜で採取した蜜の糖度は80度を下

トリカブト開花時の採蜜は避けたい。

ＮＨＫ岐阜「ほっとイブニングぎふ」に出演した（平成28年5月31日放送）。写真中央でキャスターと話をしているのが筆者。写真右端の４名は、右から渡辺正巳さん、黒田義則さん、成瀬三郎さん、仙石晃さん。

ることはなく、琥珀透明の高品質の蜜になる。この蜜を瓶に詰めれば、長期保存も可能で酸化も劣化も進まない。しかし、手作業で行うため、手間暇のかかることこの上なく、年1度のわずかな採蜜は、和蜜ゆえにいたし方なくも差別化の極みとも言える。

夏越しの和蜜の何がよいのか。それは、草木の花ごとに持っている酵素と蜂の体内酵素が巣房の中で混合し、熟成適温といわれる32度を超える巣箱の中で、夏の期間を熟成されて過ごした蜜であることによる。これらの蜜は、「酵素蜜」とも、「薬蜜」とも語られ、洋蜜と異なる蜜だ。

親しい水野清司さん（株式会社カクジン代表取締役）は、

「毎朝のう。食パンに塗ってご新造（妻）と2人で食べとるが、今じゃ、ご新造が、この蜂蜜やなれりゃーあかん（この蜂蜜じゃないとだめ）と言っとるで、また分けてくりゃへんか。」と言って買い求めてくれる。

彼が好んで求める和蜜の味は、訪花（貯蜜）能力が劣る和蜂ゆえに年一度しか採れない「幻の蜜」の「幻」たるゆえんでもある。


洋蜜は基本的に単花蜜で採蜜回数も蜜量も多く、採蜜までが早く、混合蜜でも春の花の混合蜜で、夏越しした蜜を流通していない。

ただし、和蜜でも採蜜適期か否かを問わず、やむを得ない事情により、春から初夏に蜜を全摘して蜂を新箱へ移すリセット作業を行うことがままにある。この場合、群生豊かな新箱では、夏前に重箱が5段も積まれると一段を採蜜するが、それは洋蜜の春の花とほとんど変わりなく、夏越しの琥珀透明の熟成蜜にならない。

一方で、前年に採蜜を控えた箱の春の採蜜は、夏越しした良質な採蜜が可能だ。つい最近にその様子の一部が、ＮＨＫ岐阜の「ほっとイブニングぎふ」の番組内で生中継で放送された。

中継された蜜の全摘と蜂移しの巣箱は、60ページに掲載した越冬中の丸洞箱で、分蜂による増箱を狙う計画で昨年の秋の採蜜を我慢した甲斐あって、４月６日の初分蜂から２週間の内に5箱の増箱に貢献してくれたから、念願の夏越しの採蜜に成功した。

しかし、さすがの満タン箱も、相次ぐ分蜂の後は勢力の衰えは免れない。蜂数が減少した上に巣板で満タンになっている箱は、残った働き蜂と5女王の新王で回復も維持も困難で、前述の崩壊プロセスは日ごとに現実味を帯びてくる。

僕は崩壊する前の早い段階で、蜜を全摘し、蜂を新箱に移して給餌を兼ねたリセット作業を選択して、作業は荒業になる想定もあって蜂仲間に応援を要請した。

テレビ中継は、そのさわりの一部を放送し、蜜を採って百花蜜を試食して無事に終わった。撮影中に遠山キャスターが、初めて試食した百花蜜の味を、「うわっ、甘くておいしいですが、これは歯にくっつきますね」と、本音のアドリブが出てわれわれは緊張が解けて爆笑した。

出演した仲間の笑いは、「そのとおり。この、歯にくっつくほどの粘りと甘さが和蜜の真骨頂なんですよ」と、してやったりの高笑いだったのだ。

NHKのスタッフが帰ったあとの仲間は、夜の遅くまで作業を続けてくれ、蜜全摘と新箱への蜂移しの作業をしてくれた。さらに翌朝の夜明けを待って1匹残らずの蜂を新箱に収めるまでも面倒をみてくれた。

それから2か月を経過した現在、リセットされた新箱は、給餌の砂糖水も2kgを軽く平らげて快調に復活を遂げ、花粉蜂の通いも順調で盛んな営巣が続いている。

この越冬丸洞1箱は、5箱を増箱して全滴の蜜量は10kgになり、種箱も新箱で再生したから、大成功だったとまとめていいだろう。

日本みつばちを飼育していると、このような荒業はときどきあるが、いつでも成功するわけではない。今回は、その機会を与えてくれ、駆け付けて応援してくれた蜂サミットの仲間がいたからこその成功だったことは間違いない。

テレビ出演できたことは、貴重な体験として僕や仲間の心に宿るだろう。


さて、「オチ」のつもりで、昔話を一席。昔、山奥の炭焼き小屋で炭を焼いて暮らす茂助のもとへ、着替えを持ってきたオカァが到着したら、茂助は小屋の中で倒れたまま苦しんで悶《もだ》えている。これはどうしたことかとオカァが尋ねると「昨日、蜜を食ったらえろーなってまった。早よー水くれ」と言ったげな。小屋にはみつばちの巣があったという。

これは実話で、村の衆が翌日に炭焼き小屋の近くの沢筋で、日本みつばちの営巣跡と花盛りのトリカブトの群生地を確認したという。

この話を教訓に、人間に毒となる大量の毒花（ほかに馬酔木《あせび》、夾竹桃《きょうちくとう》、凌霄花《のうぜんかずら》など）を訪花した直後の採蜜は避けるに越したことはない。言い換えれば、猛毒のトリカブトとて、花の蜜程度で死ぬことはないともいえる。さらに、百花蜜の中に溶け込んで夏を越した毒花蜜程度は、何らの注意もいらないと知るべし。

第5章　天敵　～希少な日本みつばちを守るには

1　健気な生き物、みつばち

みつばちは食物連鎖の底辺に生きる昆虫だ。彼女たちがほかの昆虫を襲い、食料にする話は知らない。彼女たちは訪花して蜜と花粉を集め、その過程で蜂蜜を生産して人間に提供するし、花粉媒体昆虫で人間に大きな恩恵を与えてくれもする。

この世は上下と左右のバランスがとれていて、不均衡はないと教えてもらったが、日本みつばちはどうも例外のようで、割に合わないほど天敵が多く、しかも全部受け身だ。

みつばちの天敵は、熊やツバメやスズメバチで、これは敵としてあげる古典的な固有名詞だが、じつは本当に怖い一番の敵は洋蜂なのだ。ただ、洋蜂への対処法が洋蜂のいない場所で飼育することしかないため、この章では取り上げないことにする。

2　熊

敵の代表格の熊について、面白いエピソードが３つある。

●被害1　早とちり

平山名人と同じ飼育場所に置いた巣箱が、転がってひっくり返されていた。大人の手のひら大の巣板が残っていたが、蜂はいなかった。2度目の熊被害が出た、と成瀬さんに知らせたがこれは間違いだった。状況を師匠2人に報告したら、「台風11号の風被害」で、「熊は空箱をひっくり返しても、蜜や幼虫のいる巣板を残すはずがない」と論破された。

確かに、今回は噛み痕も爪痕もなく、台風直後でもあって納得した。この巣箱は、10日前の点検時は空だったから、この10日間に入居していたことになる。点検の怠慢と風対策を反省した。

はく製のヒグマと女房殿の満寿子さん（知床にて）。

●被害2　名人は熊知らず

今度は本物の熊被害だ。

前回の風被害現場とは別の山で、平山名人も被害に遭った。名人は入居していた4箱全部が全滅だった。

僕は名人の箱に残る爪痕と噛み痕を指さして、「熊の仕業ですね。僕の箱も同じです。以前も熊被害に遭いました」と噛み残した巣板を証拠に示して同意を求めても、にわかに信じてもらえなかった。名人は近くの岩に腰を下ろし、「40年間に同じ被害を何回も経験した」「内地は悪い人がいるものだ」と、今日まで人間の仕業だと諦めていたそうだ。

なるほど、九州に熊は生息しない。だから、名人の天敵の中に「熊」は存在しなかったのか。それが、高齢ゆえ蜂場を僕たちに譲る年になって、熊と気付いても……と頭をかいて嘆いた。確かに真犯人がわかっても、悲しいことに違いない。

熊は巣箱の2㎞先から蜜を嗅ぎつけるそうだ。猪は土の中のトリュフもミミズもタケノコも嗅ぎわけるすごい嗅覚だが、みつばちに被害を与えない。熊の嗅覚は人間の1億倍だそうだ。蟻も毛虫も蛾も1滴の蜜を探して集まるから、彼らの嗅覚はすごい。匂いと薬漬けの生のベニヤを巣箱の材料に使っちゃだめなはずだ。

熊が噛み残した丸洞箱の中の巣板。

●被害3　盲点

7月、山に置いた丸洞箱と重箱がひどい有様だ。

転倒した丸洞の巣板ははぎ取られ、中にわずかな蜂が固まっていた。泣けてくる。元に戻して回復を待った。熊か人間か？　食い散らかしはない。人間なら巣箱や蜂を盗むはずだし、ほかの山中も被害が出るのは時間の問題かもしれない。

　結局、土岐市広報が公表した熊出没の場所と巣箱の場所が一致したため、熊が犯人だと結論づけた。僕の2人の師匠の実地検証でも、人間なら箱を元に戻すとかほかの巣箱も持っていくだろうし、熊の爪痕も確認できたからと、「熊の仕業説」で一致した。今回は山中飼育の盲点を突かれた。

熊の爪痕が残る丸洞。

　2人の師匠は、まだ被害の及ばない巣箱の避難先を提案してくれたが、気温の高い時期に山中から移動することにためらう。蜜を溜めた巣箱は重すぎる。僕は、移動中の林の途中で巣板が落ち、怒り狂った蜂の攻撃で死にたくない。採蜜後の気温が10度以下に下がる冬まで山に置く。そのころの朝夕は巣板も蜜も固く、蜂も中にいて移動させやすいのだ。

　再度熊にやられたら、それはそれで仕方ない。洋蜂に盗蜜されるよりもいい。

以下に、これらの被害に対して考えられる対策を2つあげる。

●対策1　非現実的な話

熊にどんな対策がよいか、講習会で講師の藤原誠太氏は、巣箱が見えないようにトタンで周囲を囲うか、電気柵が効果があると回答してくれた。ところが、まとめた場所に巣箱をたくさん置く洋蜂ならともかく、飛行距離の短い日本みつばちを20箱も50箱もまとめて置けるほどの蜜源豊かで、電線の届く場所は山中のどこにもない。

電線が届く民家の近くに熊は来ないし、山に点在する一つひとつの巣箱に電気を送る電柱を建てる金があるわけもない。太陽光発電で対応できるという人もいるが、太陽の射す場所に巣箱を置けば、熊が来る前に巣板が溶け落ちる。みんないい加減なことを言う。

●対策2　鈴の音

知床を旅した8月の終わり、あちこちの土産物売り場にぶら下がっていた、熊よけの鈴を見てひらめいた。巣箱の周辺に、地上50㎝の高さにゴムロープを張って鈴を取り付ければ、熊はロープにさわり、「鈴の音＝人間」に反応して遠ざかる。

年金暮らしの投資には適当な金額なので、早速試すことにした。大中小を1ダースずつ買って早々に取り付けた。効果のほどはわからないが、その後の今日までの3年間は被害は出ていないから、効果があったのかもしれないし、単に、熊が出没しなかっただけかもしれない。

3 ツバメ

●蝶の地獄の舞い

平成25年8月26日は一粒万倍日だった。その日に白菜の種を蒔いた。白菜は苦労して育てても、半分は虫の食材になってしまう。僕は20年前に福岡正信[*1]の『わら一本の革命』を読み、農薬と化学肥料は使わない主義をよしとしているから、それも覚悟している。しかし、深沢七郎[*2]のいう「蝶の地獄の舞い」を、身をもって知ることになる。

ロータリークラブの先輩格で、いまは亡き古林長俊さんが僕に言われた言葉が胸に残る。

「安江君、俺が生きとるうちに農薬なしで白菜が採れたら、1株1万円で買っちゃるわ」

現在まで、古林さんの条件にかなう白菜は栽培できていない。それほどに白菜の無農薬栽培は困難で、我が家の菜園も白菜が育つにつれて蝶が舞う。

蝶が舞うと深沢七郎のフレーズがよみがえる。「パピヨンダンス」なんて言ってもらいたくないほどの、重みのあるフレーズだ。白菜の上で舞う蝶を見た孫たちが「♪ナノハニトマレ……」と歌ってくれると、農薬も化学肥料も使わない決意を再確認するが、白菜畑を飛び交う蝶も巣箱の上を飛び交うツバメも、僕にとっては優雅なんてもんじゃない。かわいい孫たちがツバメを歓迎し、蝶を追う姿に微笑んでも、僕にとっては「地獄の蝶の舞い」で「恐怖のツバメ返し」でしかない。

＊1　福岡正信（1913〜2008）自然農法、不耕起農法の提唱者。岐阜高等農林学校（現岐阜大学）卒

＊2　深沢七郎（1914〜1987）作家・音楽家。代表作は『楢山節考』

●恐怖のツバメ返し

「恐怖のツバメ返し」。僕が発明したこのフレーズは、みつばち愛好家なら、ご同感いただけそうだ。巣箱の上空に飛び交うツバメたちが、蜂を空中捕殺する光景をそう呼ぶ。多いときには妻木町のツバメが全部我が家に集まった、と錯覚するほどの数がファームの上を舞う。来る日も来る日も、巣箱の上空でツバメ返しを繰り返す。1回翻るたびにみつばち1匹が捕殺され、恐怖におののく。

巣板を順調に成長させていた箱が、6月から7月に突如として通いが鈍くなる。そして黒く小さめの艶っぽい雄蜂が出ると、その箱は崩壊する。ほとんどは「恐怖のツバメ返し」の後に起きる。やつらはストレス解消飛行に出た女王をツバメ返しで捕食したに違いない。女王は働き蜂に比べて大きく、しかも飛行はのろいから、ツバメ返しの格好の餌食になる。

空中捕殺するトンボも侮れない敵だ。シオカラトンボもまめに蜂を追うが、捕殺される

のは、よれよれの飛行をする寿命のきた蜂で、捕殺数も少ない。オニヤンマはツバメ並みだが、群れて攻撃しないから、犠牲が一度に1匹で済む。

●働蜂産卵

「恐怖のツバメ返し」に見舞われたらどうなるか？　典型的な例が働蜂産卵《どうほうさんらん》である。

【成瀬】　渡辺君から報告がありましたか？　黒い雄蜂が大量発生したそうで残念です。これは、以前話しておられた「恐怖のツバメ返し」の結果の無王症状なのですか？

【安江】　ご指摘のとおり、無王化後の働き蜂による働蜂産卵が原因です。約1か月前に「恐怖のツバメ返し」に遭ったと推定できます。無王化後、働き蜂が1つの巣房に無数の無精卵を代理産卵するので、小ぶりの雄蜂が大量発生します。

●ツバメ対策

【成瀬】　この先、渡辺君の場所はツバメ対策が必要と感じましたが。

【安江】　対策があるんですか？　ツバメによる無王化は、雄蜂孵化までの1か月間は気付かないし、群の崩壊に直結します。対策として、巣箱の上の木に銀色のテープを張り巡らしましたが、効果はあったものの、景観を損ねるし、後始末も大変でした。

【成瀬】 渡辺君の飼育場所は谷になっていて、空が狭く、身を隠す大きな木も少ないです。そんな環境で飛行能力の劣る女王が飛び出したら、ツバメの格好の獲物になりますよね。川沿いに飛ぶツバメを避けるために、釣り糸とかアトラス線とかを張り巡らせたらどうでしょうか?

【安江】 カラスや鷹の模造品も効果があると聞きました。やれることは何でもやるべきです。巣箱の置き場所のセオリーを思い出しました。基本的な適正地は、南東に前が大きく開けた場所でした。前が大きく開けた場所は、みつばちの飛び出し飛行角度が広いわけで、それはツバメの被害も減ることになるでしょう。そんな適正地はなかなかありませんが。早速、渡辺さんに提案してあげてください。

4 スズメバチ

巣箱に付きまとったスズメバチは、早めにすべて捕殺するべきだ。放置すれば、3日も経たないうちに集まった大群に襲われて巣箱が全滅し、蜜も略奪されてしまう。一番の対策は、スズメバチの営巣地を探し出して巣ごと捕獲することだ。

5種類のスズメバチは、それぞれ攻撃方法が異なる。まず、キイロスズメバチは巣門前で待ち伏せて、訪花から帰ってきた働き蜂に飛びつき、団子状にして巣へ持ち帰る。しかし単独行動だから、1回1匹の犠牲は繰り返されるものの、孵化する働き蜂が上回る春か

大スズメバチに巣房の両側を
喰われ、芯だけ残った巣板。

待ち箱に営巣した
キイロスズメバチ（10月）。

ら夏にかけては巣箱が崩壊することはない。

これに対して、大スズメバチ（シンコ）は獰猛《どうもう》な敵だ。対策をしていない巣箱が大スズメバチに狙われると、強群の巣箱でも数日で崩壊する。やつらは1時間で仲間を10～20匹と集め、巣箱の中の蜜を奪い去る（盗蜜）。もちろん、その過程でみつばちが逃去し、次の営巣地で再生することもあるが、襲撃後にかじり殺された大量の働き蜂の死骸を見ると、早めに対策を講じておかなかった反省が募る。

●スズメバチの襲来

友人の加藤孝明さん宅に置いた丸洞箱が崩壊した。この巣箱はヨッちゃんに内検してもらったときは快調だったのだが、2か月後に蜂が通わなくなったと電話が入って駆けつけると、シンコが2匹ウロウロ飛んでいて、みつばちはいなかった。それに巣屑の中に3㎝に巨大化したスムシが大量に固まってつづって、それはおぞましい光景だった。

状況から、シンコに襲われて逃去した後にツヅリ蛾が産卵し、孵化したスムシがシンコの食べ残しの巣屑を食べて成長していたものだ。群はスズメバチが襲来したときに逃去し、自然帰りしていると信じたいのだが。

巣板は形も崩れて採れる蜜も蝋もなく、泣く泣く竹藪へ捨てた。シンコ襲来は推定で1か月も前のことだろう。山では熊、知人宅ではシンコとは困ったものだ。

●対策1　スズメバチトラップ

スズメバチを捕獲するトラップには、飼育箱の巣門に装着する金網式トラップ、巣箱の上に置くゴキブリホイホイ、巣箱の近くに吊るすエキス入りのボトルタイプなどさまざまある。これらを総称して、スズメバチトラップと呼ぶ。

ただし、糖や蜜の匂いのするブンブンエキス入りボトルトラップは、安価だが落とし穴もある。巣箱付近にセットするとわざわざスズメバチを呼んでしまうため、注意したほう

金網式のスズメバチトラップ。

ボトルタイプのトラップにかかる
大スズメバチ。

がいい。

ボトルタイプは5月の連休ごろから、巣箱から離して設置する。5月は越冬した女王が巣づくりを始める季節にあたる。この時期の女王1匹は秋の100匹、200匹に匹敵する。

夕方に山にセットしてある待ち箱を点検して「びっくりぽん！」だった。箱を開けたらスズメバチが唸《うな》って出てきて、天板に握りこぶしくらいのつくりかけの巣があった。バーナーで焼いて片付けたが、待ち箱の放置はこの有様だ。

●対策2　金網式捕獲器

金網式のスズメバチトラップは、不在時用にお勧めである。誘引液を使わないので、遠方に置く巣箱にも重宝している。金網式でスズメバチを生け捕りにして焼酎漬けにし、愛飲したり道の駅へ出荷したりして楽しむ愛好家もいる。欠点は、金網に誘い込んだスズメバチがブンブンと羽音を立て続け、みつばちが通いをやめて逃去行動に出る場合もある点だ。捕獲したら、速やかに取り除くことが大切だ。

焼酎漬けにした大スズメバチの女王。

●対策3　佐橋式シンコ・マイッター

佐橋君はやや広めの4・5㎜柵のハチ・マイッターを装着して飼い続けている。花粉を運ぶまでは正規の3・8㎜柵を使い、その後4・5㎜に付け替えている。不在中にスズメバチが巣箱の中に入らないので、題して「佐橋式シンコ・マイッター」だ。

この装置はスズメバチを捕獲できないばかりか、巣箱に付いたスズメバチがみつばちを捕殺するので、捕獲したい人にはお勧めしない。でも、急激な環境変化もなく、スズメバチの羽音におびえることもなく、逃去を誘発することもないので、外出の多い人の一時しのぎに効果がある。僕も山の巣箱に付けているが、装着箱はスズメバチの数も増えず、みつばちの通いも止まらない点で効果を認めている。

●熱殺蜂球形成

日本みつばちは、スズメバチ1匹に数十匹の蜂が団子状に塊を形成して熱殺するという、独特な対抗手段を持っている。しばしば秋に見られる、洋蜂にない性質である。

日本みつばちは、相手を敵と認識すると、もっぱら「体当たり」し、それでも巣箱から離れないと集団で「刺す」。そして家宅侵入する敵には熱殺を行う。熱殺指令の下りた群は危険だ。スズメバチにも人間にも集団で襲いかかる。秋の巣箱をのぞくと、大スズメバチやキイロスズメバチに混じって、5㎝を超えるメンガタスズメ蛾も熱殺されていることがある。

巣門前で熱殺蜂球を形成。
蜂球の中にはスズメバチがいる。

しかし、たびたびの大スズメバチの侵入は、彼女たちの対抗手段を「熱殺」から「逃去」へと替えてしまう。日本みつばち特異の熱殺技に感激した知人は、「自らの犠牲をものともせずに天敵に立ち向かう勇気」と感嘆するが、実際は敵の先制に応戦する行為であって、かなわぬ敵と判断すると、さっさと逃げる。逃げるが勝ちの「逃去性」こそ彼女たちの特異な性質だ。熱殺は先制防御に対応した日本みつばちの得意技である。

5　スムシ

夜の蝶は蛾だ。ハチノツヅリ蛾も蜜の匂いに誘われ、夜にみつばちの巣箱に寄って卵を産み付ける。可能なら、営巣中の巣板に直接産卵する。この卵から孵化した巣の虫がスムシ（巣虫）だ。ツヅリ蛾が見事本懐を成し遂げて巣板に卵を産み付けると、孵化したスムシが営巣に被害を及ぼす。

空の巣箱に潜んでいた、
ハチノツヅリ蛾（大）。

日本みつばちにスムシ被害が顕著に表れる理由も、洋と和の蜂の性質の違いで説明できる。洋蜂は定住性に優れ、巣箱の中へ外敵を侵入させないための、抗酸化作用の高い内壁を形成する。これがプロポリスだ。

しかし、スムシの侵入を許さない

洋蜂にも、例外が1つある。それは、棚に放置されている使用済みの巣枠だ。巣枠の隅に、ツヅリ蛾がちゃっかり産卵しているのだ。その巣枠を巣箱にセットすると、4日で孵化したスムシが2週間で加害する。巣板の中のスムシは花粉めがけて巣板をかじり、3㎝に成長してスガくと蛹《さなぎ》になって蛾となり、また産卵する。

一方、和蜂はプロポリスを形成しない。スムシが巣板に侵入した段階で、群は崩壊か逃去する。

●スムシは大別して2つ

ある参考書は、「大蛾は洋蜂に付き、小蛾は日本みつばちに付く」と書いていたが、それは間違いだ。日本みつばちにも大小2種類の蛾が付くことは、飼育者なら誰でも知っている。

夏の夜に巣箱を点検すると、巣箱へ入るチャンスを狙う大小2種類のツヅリ蛾が、巣門前にウロチョロしている。大は3㎝、小は1㎝ある。元気な巣箱なら、門兵役の働き蜂が巣門に並んで蛾の侵入を許さない。

巣箱に何かの異変が起こって働き蜂が減ると門兵もいなくなり、その時点では巣板を黒く覆うはずの蜂が減っているから、蛾は容易に巣板に卵を産み付ける。小さい蛾は容易に巣板に侵入し産卵し孵化して巣板をかじるが、普通の群は内勤蜂がつまみ出すので、営巣に被害を及ぼすようなことはない。問題は大きい蛾だ。

●スムシ侵入のサインは、汗を吸った下着の匂い

スムシが入ると、巣箱の匂いは変わるらしい。それは、汗をかいた下着を放置した匂いとか、ご飯が傷んだときの匂いとも聞く。嗅覚に自信のある人は、試してもらいたい。

僕は床（巣底）にスムシのゴマ粒大の黒い糞を多数確認したら、症状はステージ5の「蔓延レベル」と判断し、この時点で幸い残った蜂だけを新箱へ移し、給餌して再生を試行する。

●スムシは掃除屋

スムシは蜂キチ愛好家には厄介者だが、熊やスズメバチと同類の天敵といえるのか。

ツヅリ蛾は普通、巣底やすき間に1㎜ほどの小さな白かピンクの卵を、数百個産む。巣底や巣門近くでウロウロしているスムシは、みつばちのかじり落とした花粉や脱皮殻混じりの巣屑を食べて成長する。巣板を囲う蜂球の中の温度は冬でも32度を保つから、ツヅリ蛾が巣板に産卵さえすれば、冬でも孵化してスムシは蔓延する。

スムシはみつばちに寄生して生きているが、みつばちに利益を与えない。しかし、実際はみつばちの営巣に役立っている。営巣歴の長い営巣場所を数年間観察すると、スムシが営巣場所の掃除屋として一役買っているのだ。ほとんどの分蜂群は、人間の用意した箱か、

みつばちが過去に営巣した自然の営巣場所に入ることが多い。みつばちの入居歴のある巣に新たに営巣する場合、中がきれいにされていなければならず（リセット）、逃去群の残して行った巣板はスムシが食べ尽くして片付けるわけだ。

●スムシ侵入の経緯

【成瀬】今回、スムシが蔓延したのは7月中旬でした。逃去後にはびこったと考えていましたが、スムシが入っていたからでしょうか？　ほかの新箱を掃除したときもスムシはすでにいました！　スムシに悩まされ続けるのでしょうか。

【安江】スムシが原因で逃去や崩壊する原因は、中古箱を使った場合に多く、それは、みつばちが営巣を開始する前に、ツヅリ蛾がチャッカリ箱の中の天板に産卵を済ませていて、営巣開始と同時に適温で孵化したスムシが巣板でつづるからです。

一般的にスムシのはびこる箱は、ほかのさまざまな理由で群勢が弱くなった後にツヅリ蛾が巣板に産卵するからです。シンコの襲来も巣落ちもなく、それでも巣板にスムシがはびこって逃去したなら、理由は「老王説」と「事故死説」が有力です。ベテラン女王の大群でも、女王が産卵寿命を迎えて衰えればスムシは入ります。女王がツバメに捕殺されてもスムシが入ります。

●スムシ侵入の落とし穴

3月は強群をつくる大事な立ち上げ時期だ。例年、我が家のファームでは3つか4つの種箱が冬を越すと、訪花活動期を前に産卵活動も盛んで、黄色い花粉をせっせと巣に運ぶ。飼育を始めた年は飼育箱は1つだったので自然任せでも強群だったが、増箱した途端、蜜源不足で巣箱間の盗蜂が始まり、トラブルが多発した。その原因は蜜源不足だから、給餌で解決をはかった。巣箱の中へ同等に給餌し、強群をつくろうと試みたら盗蜂を誘ってしまい、結局2箱に減った。

そこで、給餌所を巣箱の外に1か所置き、弱い巣箱の中にだけ直接給餌した。巣箱の中には匂わない砂糖水を入れ、外の共同給餌箱には二等蜜を薄めて置いた。これにより、最近は多少の喧嘩死は見られるものの盗蜂は回避でき、4つの巣箱を越冬させることができた。

この過程でスムシ侵入の落とし穴も見つけた。気温が0度に下がった寒い朝、共同給餌箱の中に溺れ防止として浮かせた葉に、3㎝のツヅリ蛾が止まって動かない。夜、蜜の匂いに飛んできたに違いない。丹念に卵を探したが、産卵を確認できないまま、このツヅリ蛾は気温が上昇した昼にはいなくなっていた。

給餌箱の浮き棒に産み付けたスムシの卵を、働き蜂がせっせと巣房に運ぶ話を聞いたことがあって、「なるほど、このような経路で巣板にスムシが入ることもあるな」と合点した。

給餌は毎日清潔な箱に入れ替えなければならないこと、ツヅリ蛾は冬でも活動することを承知しておくことだ。

●スムシ対策

スムシ対策のためには、空箱を一昼夜水に漬ける、ドラム缶に入れて蒸すなど卵が孵らない工夫をする。僕はドラム缶蒸しの効果は高いと認めるが、清掃やバーナー焼きも含めて完璧な対策ではないと思っている。

なぜなら、すべての待ち箱を蒸すことは物理的に無理だし、蒸殺しても、次に使うまでの期間にツヅリ蛾に産卵されたりしたからだ。産み付けないように密封しておくわけにもいかないし、新箱のたびに新品にするわけにもいかない。

スムシが侵入し、
蜂が逃去した群の巣板。

当然だが新品の飼育箱には、スムシの卵は産み付けられていない。その新箱は秋に重箱が4段か5段に成長し、もっとも強群となる。その最上段の重箱1箱を採蜜しても、その箱は越冬種箱になる。越冬した種箱からは、普通4月か5月に2～3回の分蜂が起こると、この時期から問題が起こることが多い。分蜂を終えた種箱は新王に世代交代しているにもかかわらず、夏になると巣箱は衰えてくる。巣門の中にカメラを入れて内検すると、伸びた巣板はむき出して白く、わずかな蜂がウロウロと固まっている。写真を拡大すると巣板の一部にスムシがつづった塊が見える。この崩壊した箱を解体すると、巣板全体にスムシが蔓延している。スムシ対策はむずかしい。

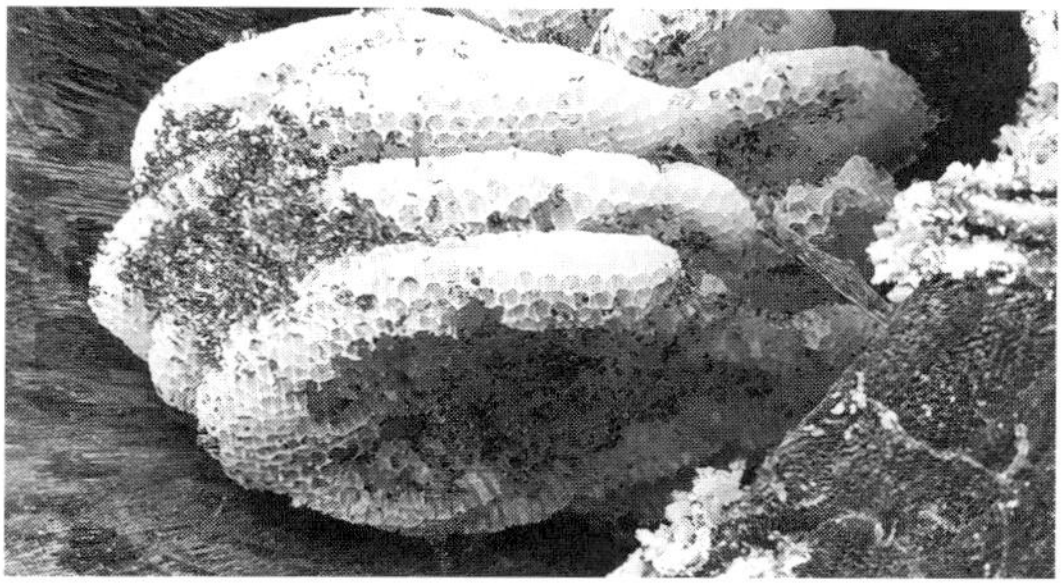
スムシ被害があった巣。新たな産卵跡も。

●最強のスムシ対策

強群の箱の中は、蜂が巣板を囲んで真っ黒で、壁も床も蜂が覆っていて蜂の鎖も見える。カメラも入らないほど蜂であふれる箱もある。これらの箱にはツヅリ蛾は侵入もできず、卵を産み付ける余地はない。ならばスムシ対策は、強群対策だ。

そのためには、種がよく、蜜源が無尽蔵で、木陰の風通しのよい所に設置して、雨仕舞いも頑丈で、ほどほどな閉鎖空間があって、前が大きく開けた場所、それが強群をつくる。加えて、女王が若くて産卵活動が盛んなことも重要だ。これならスムシは巣板の中に蔓延することは絶対にない。底板や巣門付近を這うスムシなど、敵ではない。

さてそんな理想的な場所が、我が家から軽トラで5分走った町内の山寺の廃屋にあったのだ。西陽が巣門に射さず、東南に前が開けて風通しもよい。そんな雑木林の森が広がる場所に、巣箱を置いて3年経つ。巣箱は抜群の成長を遂げ、スムシを寄せ付けない。セミより大きいスズメ蛾も、翌朝には床で死骸になっていた。春に2回分蜂しても、子別れで落ちた勢力を回復した。盛大な繁殖力を持って営巣している。これは環境が成せる技だ。強群をつくるのは技術ではない。環境だ。

そこで、一般的に考えられるスムシ対策を4つあげてみた。

●対策その1　巣内面積を狭める

日本みつばちが電柱に入居する例はよくある。その大きな理由は場所がよいことだが、横箱から逃去して電柱に入った群をヒントに、内径に着目した。電柱の内径面は小さく、巣板は早く長く伸びる。ツヅリ蛾の侵入を防ぐには平面面積を狭めることも一考で、現在は22㎝角にしている。減った容積は電柱のように箱足しすればよく、内径が狭いほうが少ない蜂数でも容易に巣板を覆える。

詳細は7章で後述するが、対馬の旅で出合った蜂洞は、穴の大きさも形状も電柱の穴に似て継ぎ目がなかった。継ぎ目のない筒状は、巣板の成長を妨げない効果もある。

●対策その2　蜂移し

いったんツヅリ蛾の産卵を許した巣板の回復は絶望的で、遅かれ早かれ逃去か崩壊する。措置として、スムシ退治の新薬のB401（BT剤）を投与する人もいるが、スムシ発生後には効果がないため、早い段階で新箱へ蜂を移してリセットすることが復活につながる。日ごろから底床を清掃し、スムシの黒いゴマ粒大の糞を1つ2つ見たときが、蜂移しのサインだ。また、巣門にいるべき門兵がいなくなったときも蜂移しのサインになる。

清掃と基台交換をこまめにするのはもちろん、丸1年経過した種箱は分蜂後に新箱に蜂移しして、リセットするのも理にかなっている。飼育技術の高い2人の師匠でさえ、二冬か二夏を経過した巣箱はトラブルが発生する。1つの種箱が3年続けて採蜜と分蜂を繰り返しても、強群であり続けることは至難なことだ。

●対策その3　ドラム缶にブンブンエキス

成瀬さんから、スムシ対策のドラム缶蒸しを実行したとメールが届いた。

【成瀬】　3個のブロックで囲った即席の焚き口に、約20㎝の深さの水を入れた200Lのドラム缶を載せ、使い古した重箱を入れて沸騰してから30分焚きました。ものすごい蒸気と熱で内側の蝋分はきれいに溶けてしまいました。これでよいのでしょうか？

【安江】　僕からアドバイスできることはありませんが、箱の内側の蝋分が溶けてなくなったなら、スムシの卵も死滅したに違いないでしょう。僕もやってみます。

成瀬さんの真似だけでは面目が立たんので、かねてからイメージしていた「消毒するついでに、箱に匂い付けもしてしまえ作戦」を試した。まずドラム缶の深さ20㎝の高さまで水を張り、4Lのブンブンエキスをぶち込んで火をつける。丸洞箱の底板をドラム缶の蓋代わりに使い、底板の消毒も兼ねる。蓋のすき間から吹き出す沸騰した白い湯気を嗅ぐと、甘い巣屑エキスの匂いがあふれる。

蒸し作業の最中に立ち寄った渡辺夫婦に、ドラム缶蒸しのウンチクを説明し始めたものの、

定番のスムシ対策、ドラム缶蒸し。

興味はなさそうで肩透かしを食らう。2時間後に火を止めて湯気につつまれた巣箱を出し、そのまま天日に干す。3日経過して乾燥した箱を嗅ぐと、ブンブンエキスの匂い付けは成功したようなもの。あとは、匂いにつられて分蜂群が箱の中に入居するのを待つだけだ。
しかし、この作業を成瀬さんに伝えて反省することになった。

【成瀬】誠に失礼ながらご意見申し上げます。空の中古箱をドラム缶で蒸す目的は、産み付けられているスムシの卵を蒸殺させるためですよね。でも、蒸した巣箱に甘い香りがついてしまうと、みつばちより先にツヅリ蛾が産卵をしないでしょうか。箱をしっかり密封すれば大丈夫でしょうか。

【安江】ごもっともなご指摘ですが、もう取り返しはつきません。箱全部を密封なんて無理です。こうなったら、来春の結果次第にします。

成瀬さんはブンブンエキス入りのドブ漬けと、ドラム缶蒸しした箱を使い分けて用意している。彼はもはや僕の先を歩き始めた。
3月にブンブンエキス匂い付きの待ち箱を入居歴のある場所に置いてみたところ、5月に期待した群が入居した。しかし、入居を確認した日をピークに蜂数は減り続け、次の点検日に通いは止まっていた。これら複数の崩壊箱の中を見ると、かわいい手のひら大の巣板にスムシが入ってかじられている。この崩壊プロセスは、成瀬さんの予告どおりだ。みつばちより先に待ち箱に入ったツヅリ蛾が、天板の隅に産卵する。その後にみつばちが入居し巣板をつくると、適温に達して卵が孵化して巣板をかじったというわけだ。

みつばちが天板を覆うように営巣を始めると、32度の適温が保たれる。するとスムシは4日で孵化し巣板をかじるから崩壊は速い。早めに気付いたみつばちが「こりぁ、あかん」と逃去していく。どこかで生きながらえていてくれと祈る。「経験に勝るものなし」「後悔先に立たず」。どっちも本当だ。

そんなわけで課題は宿題として残った。匂い付きの待ち箱に入居した群を、早い段階で清潔な巣箱に落とし込んで飼育すれば、スムシ崩壊は起きない。

どんな群であろうが、入居した日をピークにほぼ1か月間、蜂は減り続ける。産卵層に産卵して新蜂が出てくるまでの21日間は、蜂が増えることは絶対にない。これは物理だ。だから入居3週間の崩壊リスクはもっとも高くなる。蜂が減って巣板を蜂で覆うことができないと、ツヅリ蛾が巣板に直接産卵するのは待ち箱の中も飼育新箱の中も同じだ。今回の崩壊は、崩壊スピードがもっとも速かった例だ。

●対策その4　新薬B401のバイオ駆除

行きつけの喫茶リーベで仲間とコーヒーを飲んでいたら、東濃西部養蜂組合長の小木曽《おぎそ》統《すぐる》先生や林養蜂さん、北條燃料さんが来店されてみつばち談義になった。その席で小木曽先生からスムシ対策用のイタリア製の新薬が出たと聞いた。原液１２０mlを19倍に希釈して使うと、スムシ対策効果があるそうだ。以下はその新薬の主な説明だ。

新薬名Ｂ４０１（通称ＢＴ剤という）は特殊な微生物の濃縮液で、孵化して間もない幼虫のみに効果。巣脾《すひ》と一緒にＢＴ剤を食べたスムシは、体内で発芽増殖して毒素になった微生物によって死ぬ。日本みつばちの群に直接散布しても無害。

仔細は「俵養蜂」か「スムシ新薬Ｂ４０１」でインターネット検索してみてほしい。早い話が、Ｂ４０１が付着した巣脾（みつばちの巣）をスムシの幼虫が食べないと退治できないのだ。つまり、卵や蛾が直接死ぬわけではないし、スムシの蔓延した箱にＢＴ剤は役立たない。巣板に入った成虫のスムシには役立たない薬。要するに、僕には役立ちそうもない。

新薬Ｂ４０１の情報は養蜂組合の４月の総会の席で紹介されたそうで、教えてもらってから半年が経過していた。秋が深まった11月に、山中に置いた箱を片付けた。山に置いた待ち箱は山で年越し、春になってバーナーで炙って蝋を塗ってリセットしたものだ。例のブンブンエキス蒸しの待ち箱もいくつか新しい設置場所にセットした。そして入居群を、

8か所の山でそのまま飼育した。狙いは山で強群に育て、その後に我が家に移動する算段だった。

しかし、昨年（平成27年）の山の巣箱の入居数は例年の8割と少なく、定着率が前年の半分以下、3年前の3分の1という散々の不成績に終わった。新しく製作した待ち箱に入った3箱しか残らなかったということは、入居歴のある中古箱（エキス蒸し）が全滅したわけで、岐阜県に蔓延しているアカリンダニによる個体数の減少を考えても、このありさまはダニのせいにはできない。

スムシの卵を想像して崩壊した巣箱を掃除すると、「目には見えねどもあるんだよ」と思い知った。思い起こせば、山の待ち箱の中はどれもスムシのつづり痕があたりまえのようにある。特に底板と天板に多い。

そこで、ハタと気付いた。「孵化直後の幼虫にだけ効く」の「だけ」が、山の箱に応用できるのではないか。秋の待ち箱にＢ４０１をたっぷりと、しかも満遍なく塗布する。特に天板に満遍なくだ。規定どおり２００cc の水に10cc の薬を入れた希釈液を十分にかきまわし、霧吹きに入れて噴霧する。その後セットするまで4か月もあるから、横倒しにして雨具をかけて置けば十分に乾燥できる。

群をおびき寄せるには、蝋で匂い付けするのは欠かせないから、ツヅリ蛾がみつばちより早く入って天板に産卵することは避けられない。それは仕方がないが、今度は違うぞ。

去年の轍《てつ》は踏まない。みつばちが入居して適温になり、スムシが孵化するなら孵化すればよい。一番先に孵化したスムシが口にするのは、秋に塗ったB401の媚薬だ。幼虫が乾燥したB401を体内に取り込むと同時に、微生物は眠りから覚め、そしてスムシの体内で毒を出し、スムシは死に絶えるのだ。まさにこれは生物兵器だ。かくして、日本みつばちは「群勢を強めて栄える」はずだ。

B401はスムシだけに効能を発揮する。能書きによればみつばちにも生産した蜂蜜にも、人間にも一切の害はない。この薬を俵養蜂場に注文し、作業に取りかかった。原液10ccでおおよそ2～3箱に塗布できる。120cc入りの小瓶で30個の待ち箱に塗布できる計算だ。入居歴のある中古箱の使い回しによるスムシ被害がなくなるなら安い薬だ。

バーナー炙りもドラム缶蒸しも十分な対策ではなかったし、刷毛かブラシの清掃は、「やらないより、まし」程度の効果しかなかったわけで、このB401を超える効果的な対策は知らない。群を捕り込むたびに新箱にすると金も体力も続かないし、蜂球が枝にぶら下がってから中古箱をドラム缶蒸しする早技もない。いまは能書きどおりの効果があるようにと、祈る思いで春を待っている。

6 農薬・ネオニコチノイド

天敵ではないが、みつばちの脅威である農薬・ネオニコチノイドの是非についても触れたい。多くの農業者も僕たちも、「みつばちを殺すから使用すべきでない」と訴えるが、国は使用を認めている。

これは、原子力発電所の是非論とも構造が似ている。大量生産型の近代化農業資本は、ネオニコチノイドは脊椎動物に安全な農薬で、代替農薬では人類の食料を安定生産する使命が果たせない。

適正に使えば安全で、100億人の食材生産に必要な資材だと言い、ひそかに政界工作を行って即効性のネオニコチノイドを使っている。

日本の田畑からネオニコチノイドが消えない理由は、「厳しい基準を設けて適正に使えば安全」という原子力発電所の「安全神話」と同じ構図だ。

それは大企業の利権が絡む巧妙な政界工作といえる。

ネオニコチノイドが疑われる大量死。

第6章　トラブルいろいろ　～飼育成功のカギは近隣の理解

1　飼育トラブルを起こさない心がけ

飼育者はいくつかのトラブルをあらかじめ予測し、日々回避する努力を惜しまないが、それでもときどき起こり、起こってから慌てるのが飼育トラブルだ。群の所有を争ったり、待ち箱を許可なしで置いて叱られたり、盗んだり盗まれたり、糞害の苦情を受けたりする。起こったことは仕方ないから、損害を金銭も精神も最小限に終焉させて、再びトラブルを起こさないように気を付けないといけない。

2　飼育者間のトラブルとは

他人の飼育箱の近くに、自分の待ち箱を置けば入居率は高まるが、飼育箱の所有者から苦情を受け、場合によってトラブル争議にエスカレートする。他人の巣箱の近くの、通りから見える場所に待ち箱を置けば、置いた者の見識が疑われる。置かれた飼育者は、誘引剤などを使い自らの巣箱を守るだろうし、場合によっては、無断で置いた待ち箱に異臭のする薬を入れられるかもしれない。

この手のトラブルを恐れて、待ち箱を置かない主義の人も多い。僕は待ち箱で捕獲する殺生好きだから、トラブルの防止策を施して、たくさんの待ち箱を置く。

その場合、土地の所有者に許可を得ることはもちろん、所有者不明の山中では、待ち箱の外壁に所有者の連絡先と「これはみつばち捕獲箱です。捕獲次第移動しますので、触らないでください」と記載したチラシを貼り付ける。そのおかげか、僕は一度もトラブルを起こしたことはない。

●近隣トラブル

みつばちの排尿・脱糞行動で近隣者とトラブルになる例は多い。清潔好きのみつばちは巣箱の外へ脱糞飛行に出る。巣門から飛び立つ飛行ルートの下にある白い車の屋根やボンネット、白いシャツ、シーツなどの洗濯物、白い壁に好んで糞を飛ばす。僕はその糞の付き具合で、群の健康をチェックする。白い車で訪問した客が巣箱の前に駐車したら、1時間後にはボンネットに黄色い糞が無数に付く。来客は遠慮してか苦情を言わない。

厄介な糞害の極みは分蜂時だ。何千匹の分蜂群が腹に蜜を蓄えて乱舞する。女王が巣箱から出て群に加わるまでは、巣箱の周辺をすさまじく舞う。その際、多くの蜂は辺りかまわず止まって休む。なんせ、この蜂は引っ越し用の蜜を腹に吸って飛び続けるから疲れるのだ。蜂が止まった白い場所は、黄色の粉が播かれたようになる。
だから、我が家の分蜂が始まるとすぐに、隣家には洗濯物を取り込むようお願いしている。住宅街でみつばちを飼育するには、事前の脱糞対策が欠かせない。近隣者の理解を得ておくことは、飼育の最低条件だ。

●群の所有権トラブル

次に多いのが、群の所有権トラブルだ。争う相手は飼育仲間かもしれないし、近隣者になるかもしれないので、慎重に対処したい。

【成瀬】我が家の分蜂群が隣の植木に付いた場合や、隣家の蜂が分蜂してこちらの桜の枝に付いた場合などの所有権はどうなりますか？

【安江】法律上どんな問題があるかは、専門家に相談してもらいたいのですが、ここは僕の対処法を述べます。

①第一発見者

外から僕の土地に飛来した群も、僕の巣箱から外へ飛んで行った蜂も、僕がその群の第一発見者なら僕の物だと言います。第一発見者に優位性があります。

②進行形か、過去形か

蜂群を追ってきた相手が僕の敷地に入って、「私が追ってきた群だから私に返してくれ」と所有権を主張したら、それは相手に譲りますね。ただし、僕の敷地内の僕の空箱に入居した群を指さして、「私の蜂がこの箱に入ったから、もらっていきます」と言ったら、その場合は拒否します。これは進行形と過去形の違いです。

③任意の同意

外から来た群が僕の敷地の空箱へ入居しているのを、相手と僕が同時に見たなら、相手が返せと言えば返し、相手が引き下がれば僕がもらいます。この場合は任意の同意です。また、僕の群が外で蜂球をつくった場合も、僕の所有を主張し、相手の許可をもらって捕獲します。相手が不在なら無断で捕り込み後に報告します（事後報告）。当該の地主が第一発見者で所有権を主張したときは諦めます。この場合、常識的には相手が僕に譲るでしょうし、逆なら僕が譲ります。

しかし、普段から友好的でなかった相手の場合は、道理や常識より先に感情が立ちはだかるもので、法律を楯に争うより、引き下がる選択をします。日本みつばちの愛好家を名乗るなら、「逃去性に倣ってさっさと引き下がるべし」です。

●飼育トラブルの事例　その1

一度だけ所有権を巡って、緊張した現場に立ち会ったことがある。

佐橋君から電話が入り、隣の畑の柿の枝に分蜂群が付いたから、僕にも捕り込みに来てほしい、自分も出先からその現場に向かう途中だとのこと。それでマスターを誘って駆け付けたら、現場は田畑が広がるのどかで静かな、竹藪沿いの畑の一画だった。すでに車数台と人だかりができていた。

問題は、隣人の畑や柿の木の所有者が、佐橋君に知らせたほかに自分の知人にも知らせ、知人は知人の友人の愛好家に連絡し、その人たちが先に到着していたことだ。彼らは空の巣箱を持って、柿の木にぶら下がっている蜂球を眺めている。

到着の遅れた僕たちが捕り込むことは、状況的に不利だと直感し、手際よく引き上げる心づもりで彼らの輪に加わり、蜂球を見て肩透かしを食らった。所有権を争う問題ではなく、蜂球は洋蜂だった。それならばと、皆の意見が小木曽先生に譲ることで一致した。日本みつばちの愛好家にとって洋蜂は「(無)用蜂だ」。

「東濃日本みつばちの会」の会員証。

しかし、もしも日本みつばちだった場合は、誰が受け取るのか。その前哨戦らしい会話はあった。隣人が呼んだ5人は聞こえよがしに、「県へ飼育届を出している」とか「みつばちの団体に加入して正しい飼育法を勉強しないと飼育は無理だ」とか言って、僕たちを圧倒した。僕や佐橋君の到着が遅れて不利だとか、第一発見者や所有者の判断が有利だとかではなく、公に飼育環境を整えていることが肝心なことだと聞こえた。

所有権を争うことにはならなかったが、飼育環境を整えることは大切だと思い知って帰った。そして届け出を提出し、東濃日本みつばちの会に入会した。5年前のことだ。

●飼育トラブルの事例　その2

土岐市に住む飼育家Aさんは、日本在来種みつばちの会の藤原誠太会長（盛岡市）に直接電話がつながる人で、洋蜂の巣枠式を和蜂に応用した飼育を試行している挑戦者でもある。その彼に2例のトラブルが連続して起こった。しかし、幸いにもAさんの賢明な判断で大きなトラブルには至らなかった。

Aさんは、肥田町に住む地主の許可を得て、敷地に待ち箱と金陵辺と集蜂板を設置した。その後、集蜂板の下に分蜂群が蜂球を形成した。その一部始終を見ていた隣人が、「その群は自分の飼育箱から出た群だから返してくれ」と言った。Aさんはその要請を受け、申し出た隣人に群を返して一件落着した。

そこでこの例は次の問題が透けて見える。

・Aさんが、「集蜂板も金陵辺も自分の所有物で、地主の許可を得て設置したから問題ない。ついては群の所有権は自分にある。待ち箱があったから群が付いた。待ち箱がなければ群はどこかへ飛んで行った。当方の敷地内の事案は当方で処理するため、あなたに所有権はない。あなたはこの敷地に一歩も入ってはならない。当然群は返さない」と言えるか。言ったらどうなるか。

・Aさんは、隣人が日本みつばちを飼育していることを承知の上で、その巣箱から出る分蜂を見込んで、地主に待ち箱設置の許可を得たのか。

・隣人の見ていないうちに箱に入居していたら、どうなったか。

僕はこの疑問に回答できないが、この状況そのものにトラブルの種が潜んでいることは推察できる。だから僕はモラルの観点から、この場合は待ち箱を置かない選択をする。

今回の例は、知人が努力（我慢）して大きなトラブルにならなかったものの、法律の解釈は1つではないだろう。もしAさんが隣人の申し出を拒んで蜂球を自宅に持ち帰っても、手に入れた群より大事なものを失うように思う。

●飼育トラブルの事例　その3

事例2のように、隣人が「蜂球をくれ」と先に意志を伝えてくれればいいが、今回の事例では、知らぬ間に隣人が自分の敷地から長いタモを伸ばして蜂集板にぶら下がっている蜂球をすくい捕り、自分の空箱に入れた。その後、隣人は「権利は自分にある」と主張（事後報告）した。Aさんは4日間で似たケースが2回も発生したため、2箱の増箱を諦めたが、やり切れない思いを僕に語った。

ところが、Aさんの相手側、つまり隣人の立場で考えてみると景色が変わる。

Aさんが、隣人の巣箱の分蜂を捕り込む目的で、地主の敷地内に待ち箱一式を断りもなく置けば、隣人にとってはじつにけしからんことになる。

しかし、Aさんが友好的に隣人の同意を求め、共同の待ち箱を双方の敷地に一緒に設置したなら、そうはならなかっただろう。もし隣人の蜂がAさんの巣箱に入ったなら、蜜の山分けを条件に、そのまま隣で飼育してもらうか、隣人にそのまま置かせてもらうなど双方が丸く収まる対策を講じたい。

さて、もしAさんが隣に待ち箱を置かなかったらどうなったか？　分蜂群は遠くへ飛び去り、捕獲できなかったかもしれない。隣人はこの待ち箱のおかげで蜂球を捕り込むことができたと考えれば、隣人はAさんに感謝してお礼をするべきだ。

このように、見方や立場が変わると景色も変わる。こんな嫌な経験はしないほうがいいし、トラブルが予想されるような場所に待ち箱を置かないほうがいい。あらかじめ相手の承諾を得ておくことはなおよし。

3　養蜂振興法による届け出義務

平成24年に改正養蜂振興法の規定が強化され、僕も成瀬さんも師匠に勧められて、県に飼育届を出すことになった。小木曽先生から養蜂振興法と施行規則と解説資料が、喫茶リーベ経由で届き、ざっと目を通したところ、おおよそだが、養蜂業者と転飼業者の規制や蜜源トラブルを回避するためのルールのようにも見え、和蜜飼育の僕たちには縁の薄い規制と感じた。

でも、県外の転飼業者や地元の和蜜愛好家との蜜源をめぐるトラブルもあるようで、和蜜ブームも相まって、愛好家の実態を把握する狙いもあるように見える。届け出ることによるデメリットも発生しないが、届け出ないメリットもない。

4　逃げるが勝ち

日本みつばちは好戦的ではない。愛らしく、か弱い生き物だ。彼らはＤＮＡレベルで逃去性が備わっているから、基本的に「逃げるが勝ち」のポリシーを貫いて去っていく。

この逃去性を人間も学んだほうがいい。戦って得るものは、戦って失うものより多いことはない。日本みつばちの愛好家は争うことを好まず、事が起こる前に身を引く。蜂球1つの所有権を争うより、譲って満足を得る選択をする。譲った満足感が精神を豊かにさせ、健康にもよい。Aさんは事態を見越して察知し、争いを起こさない環境を整備する必要を教えてくれた。

哲学者の梅原猛氏の含蓄のある言葉は忘れ難い。曰く、

「人間は、存在そのものが他人の迷惑の上に生きている動物だ。よって、敵のいない人生は存在しない」

せいぜい「デキルダケ」と唱えて、あと少しとなった人生を開き直って生きていく。

第7章　遥かなる対馬　～ここは、日本みつばちの理想郷

1　いざ、日本みつばちの故郷へ

平成27年11月22日、夫婦2人で対馬・壱岐島をめぐる旅をした。

対馬やまねこ空港に降りた時刻は、その日の午前11時15分前で、海のない岐阜県の東濃に位置する土岐市を出発して、まだ5時間も経過していない。

飛行機を乗り継いできたとはいえ、あっという間に孤島の風景に接し、感慨は深い。降りる機内から見た対馬海峡の波は静かだった。島の山並みは幾重にも波打ち、森の深さが際立っていた。この眼下に広がる森が、日本みつばちを育んでいる故郷なのか。

旅の目的は、日本みつばちの故郷を見る。ただ、それだけだ。

乗降口を出ると空港内にレンタカーのカウンターがある。車の手配を女房殿に任せて、僕はベンチに座り、蜂仲間5人に次のメールを打った。

【安江】　皆さん、こんにちは。ただいま、対馬に到着しました。これから勝手ながら、対

蜂仲間との懇親会。前列左右が成瀬さん夫妻。

馬のみつばち事情をレポートして逐次送信します。忙しい人は無視してもらって結構。暇な方はお付き合いください。では、対馬レポートの始まりー、始まりー。

旅のスケジュールは、すべて旅好きの女房殿に任せている。それは僕にとって都合がいい。ただし、僕がこの旅の目的の一つである、明日10時に扇米稔《おうぎよねとし》さんに会うことは別格だが。

対馬で日本みつばちを飼育している扇さんは、事前に対馬観光物産協会に頼んで紹介してもらった人物で、対馬のみつばち事情に通じた人だ。ご本人に事前に電話をし、面会の約束も取り付けた。電話の向こうの冷静な声から、対応に慣れた同世代の好人物と感じた。

2　メル友5人への対馬レポート

メールの送信先は、対馬の旅に興味を持ってくれそうなみつばち仲間のうちの5人で、マスターと、成瀬三郎さん、渡辺正巳さんのお三方には、あらかじめ旅の目的を伝えておいた。鈴木諒さんと加地浩さんの串原・矢作組の2人は、異郷から突然届いたメールに驚いてくれた。

旅の最中は成瀬さんは糖尿病を患い、入院していた。しかし退院のめどがついており、また、女房殿の親友の娘さんが担当医と知ってからお利口な患者だったたから、暇つぶしとそのご褒美にメールでの対馬レポートを思い立った。案の定、彼の食いつきはほかの4人を圧倒した。


【成瀬】えっ。もう対馬ですか？　意外と早いもんですね。へぇ、プロペラの飛行機もすごいですね。それで朝鮮は見えましたか？　次なる報告待ってまーす。

【渡辺】ツマアカスズメバチに刺されないように。

【鈴木】えっ、いま、津島？　もとい、対馬？…絶句。レポート大歓迎でーす。

【加地】夫婦で対馬？　こりゃ、うらやましいです。対馬といえば日本みつばちでしたねぇ。気を付けて旅を続けてください。レポート、楽しみでーす。

なぜか、自然薯の写真だけ添付された空メールも来るなどし、5人の足並みは揃った。

3　昼食はうに丼がたこ焼きに⁉

「まず、カーナビに対馬野生生物保護センターを入れてくれん」と女房殿。

「はい、はい」

「センターは上島のてっぺんだから、国道を上って途中の名所へ寄りながら行くでね。途中のどっかで、うに丼のお昼ご飯食べよかー」

「ハイ、異議ナーシ。ほんじゃー出発や」

僕の予定は明日の10時に扇さんに会うことだけ。その後に壱岐に移動するから、今日のうちに対馬観光を済ませておく選択は正しい。北の先端まで行けば、韓国が見えるかもしれない。それに、途中で憧れの蜂洞が見られるはずだ。扇さんに会う前に蜂洞を見ておくことは準備になる。

島の中央を南北に走る国道382号線を北上すると、正午近くに上島と下島を結ぶ万関《まんぜき》橋の案内板が見えてきた。

「橋から景色見てみよかー。絶景そうやで。あそこの駐車場に入って止まってくれん。ついでにご飯も食べよか」と女房殿が仕切る。

機内で暇つぶしに読んだガイドブックに、この橋から見る景色と烏帽子岳《えぼしだけ》の2つが絶景ポイントと書いてあった。女房殿の指示に従って車を駐車場へ入れると、食べる所なんてどこにもない。レンタカーが1台止まっているだけで、うらぶれた駐車場だ。

「これじゃ、何にもだべれぇへんねぇー」と女房殿が嘆く。

「まぁ、えっか。早よぉ橋から景色見て次行こまいかー」

「どっか、浜へ下りゃーウニか牡蠣でも食べれるやらぁし」

橋の歩道を中央まで歩いて見下ろす湾は美しく、瀬戸の潮流は暴れ天竜みたいで見応えがあった。人工の瀬戸は旧海軍が軍艦を通すためにつくった、と書いてあった。

しかし、食べたい昼食がとれないと気になる。そして、次の和多都美《わたづみ》神社へ到着して厳しい現実と向き合った。

満潮時に2つの鳥居が海の中に浸かる和多都美神社の駐車場は、観光バスが2、3台止まっていて賑やかそうだ。これなら昼食がとれると期待して、あちこちを見まわすが、食堂はどこにもない。廃車バスを改造したたこ焼き屋のノボリが境内前の道沿いに見え、二十数人の若い男女の人だかりがある。

近寄ると皆が韓国語を話しながら、たこ焼きを食べている。近くへ寄り、流暢に韓国語で会話しているたこ焼き屋のお姉さん2人に尋ねた。

「すみません。お姉さんはこの辺りの日本の方ですか?」

「はい。そうですが……」

「僕は、岐阜から来た旅の者ですけど、この辺りで昼ごはんが食べられる場所を教えてもらえませんか?」

「えっ。ここにはこんなもんしかないですよ。食堂なら下島まで下りて行かないと」

「……」。絶句。

下島から1時間かけて来たばかりだ。戻る選択肢なんてあるわけない。諦めて、たこ焼きを食べることにした。2つ注文してから女房殿を探してみたが、いない。2つのたこ焼きの入った袋を持って、女房殿を探しに境内に向かおうとする僕に、バスのお姉さんが声をかけた。

「すみませんが、こちらで食べてからにしてもらえませんか」

そりゃそうかもしれん。しかし頭にきた。何でこんな遠くまで来て、たこ焼きが昼飯になるんじゃい。ついでに食べる場所まで注意され……。これは女房殿の怠慢だ。一言文句言わねば腹の虫がおさまらん。

ところが、肝心なときに女房殿は見当たらない。まったく……。

仕方なく1人で韓国語の飛び交う中でたこ焼きをパクつき、神社の本殿を見ると、本殿前で女房殿が遠くからこちらを見ている。

　つまり、大勢の韓国人の中から僕を認識したということだ。服装も体格も似ていて、僕は一行に同化してわからないだろうと思ったが、さすが、満寿子さんは僕の妻だ。どことなくわかるものなんだなー。妙に納得して機嫌を直してしまった。彼女の様子をうかがうと、「私はそちらへはいかんでねー」という感じだ。

　小学生のときに在日の同級生にいじめられたトラウマがあるらしく、こちらへは近寄りたくないらしい。仕方なく、車を止めている方角を指さして駐車場へ向かうように彼女を促した。そして、車中でたこ焼きを渡して聞いてみた。

「よう、あんな遠いところから俺がわかったなー」

海に続く和多都美神社の鳥居。

「そりゃー、だって、年寄りはアンタだけやったもん」

「……」。無言。我慢。

　車外に出て、湾に立つ鳥居に向かって深呼吸をし、気持ちを落ち着かせる。

　この神社は因幡の白兎伝説のある名所だったが、境内の観光をしなかった。そのかわりに、海に向かって立つ2つの鳥居をスマホで撮り、メールした。ややヤケ混じりだ。

【安江】　ただいまこちらは高級レンタル車ビッツで北上中。和多都美神社に立ち寄ってヤマネコを見に行く途中ですが、ヤマネコ注意の看板は見えてもヤマネコは出てきません。蜂洞も見えません。昼飯はうに丼がたこ焼きに変わりました。また、メールします。

4　対馬の植生と満開の山茶花

リアス式海岸のせいだろうか、僕は島の景色を不思議に思った。北上する国道は、登って曲がって降りると海、登って曲がって降りると海、これが連続している。

海は途中で少しだけ見えるが、浜辺はない。街道から見る景色の9割は樹木の中で、岐阜の山中を走っている感覚と大して変わりない。

変わっているといえば、紅葉がない。紅葉がないのは、海辺特有の広葉樹林のせいだろうか。島の大部分は椿や椎、赤樫といった常緑樹の原生林で、シダに覆われている。頂上にわずかな黄色が散見されたが、それは対馬で「うみてらし」といわれているナンジャモンジャ（ひとつばたご）の黄葉に違いない。

ナンジャモンジャは、僕の住む岐阜県東濃地方にも群生しているが、春に雪が積もったように白く咲くこの花は、蜜源にならないと聞いている。対馬では、90人近くの森林組合員が副業で蜂洞飼育していると聞いたが、その主となる檜や杉の植林は、街道で見る限りはほんの一部でしかない。

晩秋に満開となる山茶花《さざんか》は、島のいたる場所にたくさん咲いていた。山茶花は、みつばちが年の最後に訪花する大切な年越し蜜源樹だ。みつばちは蜂児《ほうじ》を一人前に育てるために、訪花を繰り返して越冬用の蜜と花粉を集める。

ところが、僕が山茶花を観察して蜂を探しても、みつばちもツマアカスズメバチもいない。この時期だとツマアカのシーズンは終わっているとしても、日本みつばちの故郷にみつばちがいないのは変だ。

蜂町ではなく、峰町だった。

5　謎多い対馬の蜂場

車中から見つけた案内板に目を奪われ、僕は皆にメールした。

【安江】　わ〜、すげぇ。ここは蜂町だって。さすがみつばちの島や。と思って、わざわざ車を止めて案内板をスマホに収めましたが、よく見る

烏帽子岳展望台から見た対馬。

と、ガッカリのミネマチ（峰町）でした。

しばらくして、成瀬さんからこんな返信が来た。

【成瀬】 これは面白い！ 頭の中が蜂でいっぱいですね。まだ蜂洞は見えませんか？ 気を付けて続けてください。

●蜂洞発見

烏帽子岳の山頂から見たリアス式の浅茅湾《あそうわん》は確かに絶景で、対馬一誠や椎名佐千子の「対馬海峡」をカラオケで歌うとき、画面に映し出される景色と同じだった。

この先、保護センターまでまだ遠い。女房殿に運転を交代してもらい、自分の目で蜂洞を探さねばならない。10分ほどしたら、明日会う扇さんが住む豊玉町に入った。宿のある厳原《いづはら》から車でざっと1時間の距離だ。明日の朝は余裕を見て宿舎の西山寺《せいざんじ》を8時に出発しよう、などと話しながら北上を続けると、行く先の左手に蜂洞らしきものが見えて消え去った。

「止まれ。ストップ、ストップ、止まれ。ストップやー」

車を飛び降り、蜂洞に駆け寄って写真に収める。風格漂わせる蜂洞は見事だ。

急斜面に切り立つ石山の陰に、威風堂々と8個の蜂洞が、風景に溶け込むかのようにバランスよく置かれている。初対面の本物は予想以上に太くて長い。巨体サイズの外形は直系50㎝、高さが1m近くもありそうだ。

僕が丸太をくり貫いてつくった待ち箱の、少なくとも倍以上の容積だ。その重量を想像すると、古希を迎える僕が1人でこんな崖に持ち上げてセットできる代物ではない。大きすぎる箱には入居しないはずだが、なぜ対馬はこんな大きな箱に蜂が入るのだろうか。

風格漂う、見事な蜂洞。

●蜂は見当たらず

そうだ、師匠から預かった宿題があった。蜂の種類だ。1匹の個体をマクロで撮影し、観察して判定せねばならん。岐阜県東濃地方には明らかに2種類の日本みつばちがいる。黒くて小さい本来の固有種と、やや茶系の大きめの種類だ。

急いで1箱ごとに蜂の通いを探すが、どういうわけか蜂の姿が見えない。11月の後半になっていても、対馬は土岐市に比べれば確実に暖かい。海抜は低いし、緯度が同じでも内地に比べれば高温で日照時間も長い。それに、いまを盛りに皇帝ダリアが咲き乱れている。だからきっと、群の入居している蜂洞なら通いはあるはずだ。しかし、巣門を1箱ごとに透かして見るが、通いはない。どう見ても通いがないということは、蜂群がいないと解するしかない。

国道から見える蜂洞群（雑木林の岩陰）。

●西日のあたる巣門

蜂場ごとに足場（蜂洞の基礎）が違う。ブロック、コンクリート、ビール瓶の箱と、場所ごとに所有者が違うことが想像できる。また、蜂洞本体も痩長型や短足洞広型があるが、それらは場所ごとに統一され、印や箱の上に乗せる雨よけの傘もそれぞれ統一され、リズム感がある。
　ある個所では10個を超える蜂洞すべてが、一輪車の荷台を裏返し、青いペンキを塗って雨仕舞いにした傘の下に置かれていた。青いペンキの丸傘の蜂洞を写真にして見ると、メルヘンの世界のキノコにも見える。蜂洞に使われている木材は檜や杉が一般的で、栗やケヤキも少しあった。早速仲間にメールをする。

【安江】　感動の蜂洞の写真を見てください。ようやく発見しました。なぜか蜂は通ってお りません。北上を続けて蜂を見たら連絡します。明日こちらの飼育者にお会いして、蜂の通いのない理由を聞いてみます。

国道から見える蜂洞群（檜林の蜂洞）。

　仲間も同意見のようだ。

【加地】　それにしても1か所に10箱以上の蜂洞は盛観で見応えありますね。円すい形の屋根がキノコみたいでかわいい。こちらは小さな丸洞4つばかりで満足していられませんね。頑張らないと！

僕が運転を交代して走ると、すぐに左右の山手に蜂洞が見えた。天然林が続く街道筋に珍しく檜の植林がせり出して現れた。蜂洞は檜で小ぶりにつくられ、スマートな印象だ。90人といわれる森林組合員の蜂洞愛好家の誰かが、セットしたのだろうか。縦は約70㎝、外側の直径はどれも30㎝を超える。巣門は午後の日差しをいっぱい浴びている。

僕らが「西向きに巣門を向けない（日差しが巣門にあたる）」というタブーは、対馬にはないらしい。きっとその理由があるはずだ。明日、扇さんに聞いてみよう。それにしても、ここも蜂の通いがない。

次に見た近くの蜂洞は、2か所にそれぞれ十数個が置かれている。女房殿に近くの蜂洞で蜂の通いがあるか見てくれと頼み、自分は反対方向にある遠場の蜂場へ戻ってみた。だが、蜂の通いはなかった。やはり何か変だ。

6　阿比留紀生さんの蜂洞

早く蜂洞の飼育者に会ってこの疑問を解きたいが、山中の蜂洞の所有者がわからない。しばらく走って上県地区に入ると、国道沿いの左手に南向きの民家があり、その家並みの裏の岩壁に蜂洞が見えた。ここなら所有者に会って話が聞ける。当たりをつけ、せっかくなので対馬野生生物保護センターでツシマヤマネコを見てから、帰りに立ち寄った。

玄関先で農具の手入れをしているご老人に、岐阜から旅で来た者だと仁義をきって、「あれは、あなたの蜂洞ですか？」と尋ねると、笑顔で隣家を指し、九州弁で言った。この場面ではじめて、対馬は長崎だと実感したほど、方言に特徴があった。

「あのなー。隣はちょっとな、耳の聞こえが薄いでな、大きい声で話さんとあかんバイ」

ほかにも接続語に「バッテン」を連発され、長崎の異国情緒がたっぷりで心地よかった。

●見事な蜂洞風景

阿比留さん夫妻。

教えてもらった隣家で「阿比留紀生《あびるのりお》」と書かれた表札を確認し、戸を開けて入ると蜂蜜の瓶が見える。ふすまの奥からテレビの音は聞こえるが、呼んだ僕の声は届かないようだ。

かまわず大声で2度3度叫ぶと、奥様とご主人が出てきてくれた。蜂洞を見せてもらいたい旨を伝えると、奥様がご主人に伝言され、即座に同意を得た。お2人はにこやかに「どうぞ、どうぞ」と、家づたいに裏庭にある蜂場を案内してくれた。

裏庭は10mを超える崖がせまっていて、その急坂に所狭しと蜂洞が置かれている。

街道を車で走っていたときに、2階建て居宅の屋根越しに見えた蜂洞は、てっぺんの一部だったようで、近くで見れば絶壁の急坂にハシゴがかかり、コンクリートで固めた土台の上には多くの蜂洞が置かれている。その数ざっと20箱で壮観だ。

阿比留さんは二十数年、この自宅裏の崖でみつばちの飼育を続けてきたという。いいところへ寄った。見事な蜂洞風景を写真に残す。パチリ、パチリ、阿比留さん夫妻もパチリ。

早速、仲間へメールで報告だ。

阿比留さんの蜂洞群。ぐるりと巻かれたよしずは、避暑とスズメバチ侵入防止を兼ねる。

【安江】　添付した写真の蜂洞は、阿比留さんのお宅に飛び込みで伺い、撮ったものです。いろいろ対馬のみつばち事情を教えてもらいました。蜂はよく通っており、今年は1升あたり2万円で5斗（100万円）採れて売ったとかご機嫌で、いろいろ話してもらえました。追い追い話します。明日は扇さんに会います。

阿比留さん曰く、ツマアカスズメバチは、みつばちを1回に1匹捕殺して巣へ運ぶけど、巣箱に直接入らないそうで、本土の赤蜂（キイロスズメバチ）と性質は同じようです。だからツマアカはクマバチよりまだいいそうです。東濃でいうシンコ（大スズメバチ）が対馬ではクマバチです。

マスコミが報道したツマアカによるみつばち駆逐の危機は事実ですが、やや誇張した報道でもあるようです。ツマアカは対馬に上陸して赤蜂を駆逐したけど、みつばちは大丈夫だそうです。

この「ツマアカが赤蜂を駆逐したがみつばちは大丈夫」のくだりは、僕の後の認識を新たにすることになる。

●疑問が解ける

【安江】　街道の蜂洞に蜂がいなかった理由がわかりました。街道筋の蜂洞は自然入居用の待ち箱の意味合いが強く、一部マスコミと観光客用のオブジェ効果もあるそうです。巣門は全部国道に向けられているから、西日も射すそうです。それで実際の飼育場（蜂場）は、別のところに持っているとのことです。

翌日に扇さんにも同様の質問をしたところ、同様の回答をもらった。ついでに、別の場所はどんな所かと阿比留さんに尋ねると、それは自分の所有する島や山林、裏山、庭などで、基本的な置き方はわれわれと変わらない。われわれと違う点は、同じ場所に大きな蜂洞が20個もあるところだ。

【安江】 写真の蜂洞に巻かれているのは普通のよしずです。夏の日よけと、蜂洞の換気口（土台の床から浮かせてある）から入る大スズメバチを防ぐためだそうです。よしずを後ろから左右に巻いて前を開けると、スズメバチは巣門の前に留まります。そこを、長さが調節できる釣り竿にタモを縛り付けて、庭の下から1匹ずつ捕殺するそうです。

この根気のいるスズメバチ捕殺の作業は、日本中のみつばち愛好家が夏から秋にかけて行う共通の日課だ。

【安江】 いまのこの時期は、採蜜が終わって巣箱に巣屑を給餌していました。僕が〝蜜源は十分にありますか〟と聞いた質問の意味がわからないほど、環境はいいようです。阿比留さんは9月に蜂洞を横に倒し、天板を取った最上段から約15㎝の蓋蜜の巣板を、柄の長い草かきのような刃物で採って採蜜するそうです。目安は巣板の下段4分の3を残すことで、採蜜後の巣屑はスズメバチのいないいまと、2月の立ち上げに給餌で返すそうです。

阿比留さんは、採蜜して残った巣屑は全部冬期に給餌して、みつばちに返してしまうという。巣屑を戻す給餌は、対馬では普通に行うと扇さんからも聞いた。

●対馬の分蜂捕り込みの方法

阿比留さんによると、営巣の途中で逃去もしくは崩壊した蜂洞のほとんどの原因は、蜜を採りすぎた結果だという。サイクルが狂った蜂洞にスムシが入るパターンは、東濃も対馬も同じだ。

そこで、どこやらの大学の先生がくれた薬を20倍に薄めて使ったが効かなかったので、本土のいい方法を教えてくれないかと対処法を尋ねられた。大学の先生の薬で復活するほど飼育が簡単なら、こんな遠い対馬まで見に来ることはないのだが……。

このたくさんの蜂洞から次々と分蜂するすさまじい光景を想像して、どうやって捕り込むのかと尋ね、やんわりと話題を変えた。

阿比留さんは、急峻な崖に置いた20個余りの蜂洞の近くの3か所に地上1m強の鉄の棒を固定して埋め立てている。分蜂時は2mの棒の先に集蜂板を取り付け、その鉄柱に立てて固定する。分蜂が始まると、ホースで水道水を乱舞群にかける。

蜂は羽が濡れて遠出を諦め、集蜂板に付く算段だそうだ。それでも半分の分蜂群は捕り逃がすと笑っていたが、半分は捕り込みを成功していることになる。

「僕の近くにも九州から来て日本みつばちを飼育している人がいて、聞いたことはありましたが、現場を見せてもらったのははじめてです。いいものを見せてもらいました」

1時間を超えるほどのお付き合いに感謝して、そろそろおいとましようとしたら、分蜂捕り込み用にしまってあった空の蜂洞を見せてくれた。

蜂洞の中はシンプルで、直径24㎝ほどの中をくり貫いた丸太だ。下段の10㎝上に、蜂が通う幅6㎜の縦穴が3本あって、それは対馬の巣箱では共通に見られる基本設計だという。

扇さんのお宅でも見せてもらったが、内径25㎝の穴がきれいにすっぽり空いているのは、おそらくプロの仕事だろう。チェーンソーの刃の2倍以上の長さの穴を美しく仕上げるのは、個人の愛好家の誰もができる仕事ではない。

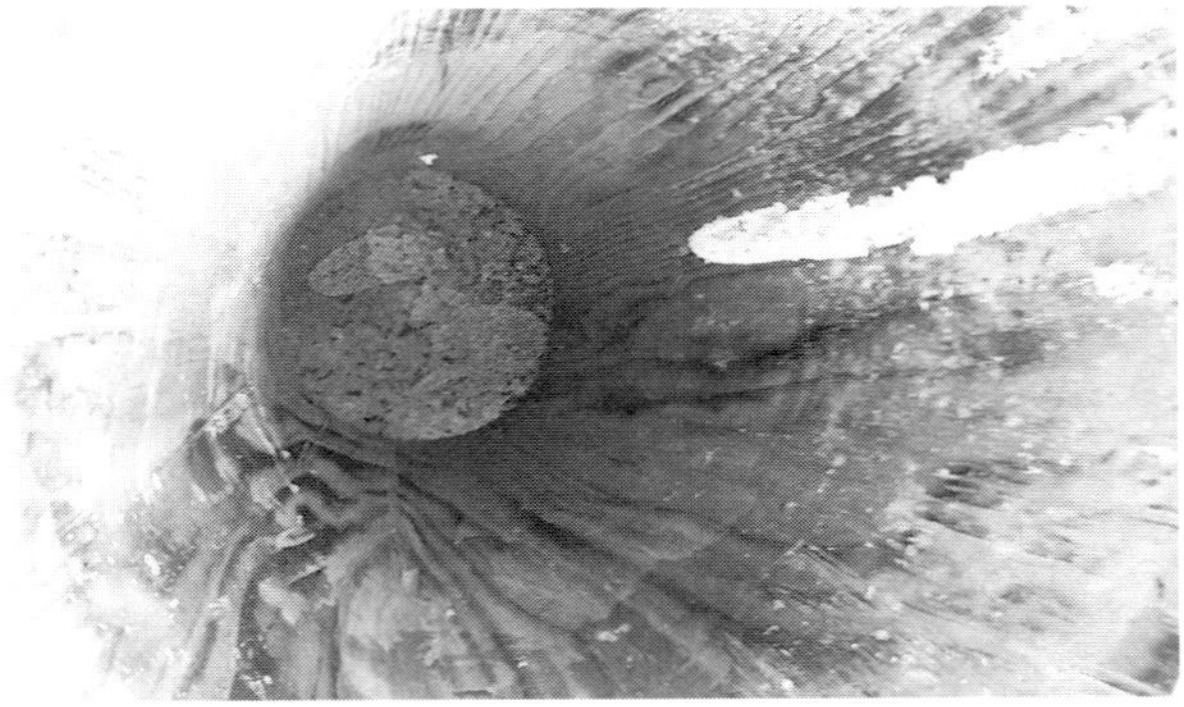

扇さんの蜂洞。中は電柱の空洞のように美しい。

●蜜蝋

対馬では巣屑から蝋を採る習慣はない。僕たちにとって待ち箱に塗る蝋は必需品だが、対馬では蝋は不要なのだ。そのあたりが妙に合点がいかなかった。

なぜ蝋を採らないのか。その理由を問うと、「なぜそんな手間暇かける必要があるのか」という表情が読み取れた。ちなみに、堂々たる阿比留さんの蜂洞は頑丈で、10年物がゴロゴロと使い続けられ、蜜蝋を塗る必要もないほど巣痕の蝋が貼り付いていている。みつばちの嗅覚を想像すれば、蜂場全体に蜜の匂いが立ち込めているに違いなく、そのような蜂洞が立ち並んでいる蜂場は逃去群が飛来すれば受け入れるし、分蜂群が乱舞しても入居してしまう要塞に見える。

巣屑からつくった蝋。

阿比留さんの蜂洞の写真を添付して、仲間にメール報告した。

【安江】 昨日のメールで、阿比留さんがツマアカはずっと以前からいた、と言われたのは15年くらい前からの意味です。ツマアカはみつばちの巣門の下で前向きにホバリングして、訪花から帰って巣に入る直前のみつばちを捕まえて運ぶそうです。

みつばちを1匹ずつ捕殺して巣に運ぶ習性は赤蜂と同じで、ホバリングはさらに上手です。空中でピタッと止まって、一瞬にして帰ってきたみつばちを捕殺するのは、敵ながらあっぱれだそうです。みつばちを知り尽くした余裕がうかがわれます。赤蜂の3倍の数のツマアカが巣箱に付いた状態を見てみたかったですが、シーズンオフでした。

写真を送った仲間から返信が届いた。

【加地】 写真の蜂洞は、崖の狭いところに置いてありますが、木陰ではなく、太陽光が射していますね。対馬の理想的な設置場所をお聞きしたいです。また、捕獲するときの花は何を使っておられるのか知りたいです。

【安江】 蜂洞を設置する基本は、われわれのセオリーと変わりません。対馬の愛好家のほとんどは、街道を外れた山道や海の小島など、4～5か所の蜂洞飼育場所を持っているそうです。それから、阿比留さんの蜂場の崖は南向きの自宅の裏で、西日は射しません。また、群を集める金陵辺は対馬には不要です、と扇さんが言っていました。

●対馬での天敵

対馬と岐阜では、天敵の違いが2つある。1つは、対馬を含む九州全島に熊は生息していないこと。もう1つは、ハチクマ（ハチ鷹）の渡りルートになっている対馬では、ハチクマは高木のテッペンに営巣するツマアカを襲うが、民家の軒先で人間が門兵をしている蜂洞を襲うことはないこと。

大スズメバチは手ごわい共通の天敵で間違いないが、熊の生息しない対馬が、営巣に有利なことはよくわかった。それにつけても阿比留さんからも扇さんからも、ツマアカに襲われる緊張感はまったく感じられないし、飼育のむずかしさも伝わってこない。せいぜいときどきのスムシ対策が悩みというくらいだ。飼育に対して鷹揚《おうよう》なのは、島人の人格か性格の成すところか。アレコレと質問しまくる僕が、馬鹿にされているようにも思える。

7 巣屑は給餌に

扇さんによると、巣屑の給餌は春の巣箱の立ち上げに必須で、議論の余地はないらしい。採蜜の際に越冬用の蜜を十分に残すことは当然として、群勢をつけるために、2月の半ばから巣屑を給餌すると効果は高いと聞き、メモをとった。

給餌の時期は、その年のスズメバチの活動が終わった11月と、翌年2月半ばから3月までだという。それは、蜜の匂いでスズメバチを呼んでしまうからで、僕には説得力があるアドバイスだった。その点で、砂糖は匂いを出さないからよいとも聞いた。

岐阜では巣屑の使用を嫌う飼育家もいるし、プロの講師は1対1で溶かした砂糖水を推奨している。しかし、扇さんは時期を守れば問題ないし、効果は高いと言いきった。また、砂糖で給餌する場合は、水との割合を6対4以上に濃くし、固まらない程度に砂糖が水に溶けていれば、蜂は巣へ運び蜜化する効率がよいという。巣屑も同じ理屈で、そのまま与えるそうだ。

情報は、頭に残してもすぐに忘れるから、ヒントにできそうなことは即応用する。対馬から帰った翌朝、つちのこファームの3つしかない巣箱で、砂糖水と巣屑を使い分けて試したら調子がよい。巣箱から10m離れた道具小屋の庇《ひさし》の下に、匂いの強い巣屑をオープン(共同給餌場)に置き、濃いめの砂糖水は3つの巣箱の中にそれぞれ入れる。

結果は明らかだった。旅する前までチャンスをうかがって、巣箱の周りを飛んでいた2~3匹の洋蜂はピタッといなくなり、巣屑の共同給餌場に付いた。おかげで今年の晩秋は、我が家の巣箱に洋蜂の襲来はなかった。

8 対馬で待っていた修行

対馬は韓国からの観光客が多い。それもそのはず、フェリーでたった1時間の距離なのだ。

女房殿は一緒の宿泊を避けたいらしく、わざわざ宿泊場に西山寺を選んだ。ところが、寺の部屋は、隣室が唐紙で隔てられただけ。ふすまの向こうからは、若い娘2人連れと思われる韓国語が聞こえてくるではないか。耳を澄ますと、菓子をほおばる音まで聞こえる。女房殿は宿選びは失敗したとしょんぼりだ。

まぁ、仕方ない。しっかり疲れたことだし、眠れば朝だ。古希を迎える僕に迷いはないから布団にもぐる。

朝起きてカーテンを開けたら、目の前に広がる一面の墓で眠気も吹っ飛ぶ。隣室はまだ寝ているようで静かだ。音をたてぬよう部屋を出て食堂に行くと、薪ストーブが燃えていて、僕たちが三番客だ。若いご住職は僕たちをストーブの隣の席に案内した。

忙しそうなご住職に代わり、燃え尽きるストーブに薪をくべようと、薪を手にしてドキッとした。何と、墓標が等寸法に切り並べてあるではないか。戒名らしき墨書きの文字まで読める。一瞬、焚口を閉めて席に戻ろうとしたが、ほかの客の視線を感じ、腹を据えた。平静を装って切断した墓標を焚口《たきぐち》に入れて蓋を閉めた。心の中で手を合わせる。

勢いよく燃え始めたストーブを見たご住職が僕に近寄り、「ありがとうございました」と礼を言ってくれた。ご住職の表情は、僕が相当な決意を持って薪をくべたことなどに関係なく、単に自分に代わって労働を提供した儀礼的なお礼と思えた。それでいい。

それにしても対馬まで来ても修行か。どこまで行っても、いくら年を重ねても人生は死ぬまで修行が続くそうな。合掌。朝食を終えてお茶を飲んでいたら、眠そうなしぐさの韓国のかわいい娘たちが隣の席に着いた。西山寺を出て万松院《ばんしょういん》を散策して8時になって、扇さんの豊玉町のお宅をカーナビに入れて向かった。

9　扇米稔さん

扇米稔さんのお宅には、約束より早い9時半に到着した。お許しがもらえるなら、30分長く話を聞くことができるかと尋ねると、扇さんは快く招いてくださり、正午近くまで長居することができた。収穫は多かったが、いまでも理解できていないことはたくさんあるし、意外な事実を知ることにもなった。

扇さんは僕と同年の69歳で、対馬のブランド蜜の確立に貢献した一人だ。みつばち飼育歴は長く、40代から本業の電気工事の傍らで飼育に携わってきた。内地は定年組が多いが、対馬ではみつばちを飼育する若手がいまも昔も多いという。

扇米稔さん（左）と筆者（右）。

対馬は自然豊かな島だ。対馬で生きることとは、その自然を受け入れて生きることだ。扇さんも阿比留さんも、本業と両立させ、その傍らで副業を持つ生活スタイルがベースになっているという。対馬では副業として日本みつばちの飼育が定着しているのだ。森林組合員も副業で誰もが蜂洞を持っているらしい。副業として、自然の恵みを受ける蜂洞飼育がある生活スタイルはじつに理にかなっている。だから対馬には「養蜂業」という言葉はない。阿比留さんが破顔で今年は5斗を生産して売ったと言っていたが、それは副業としての趣味が実益になり、その収入が、農業や漁業で得る生活費の十分な足しになり得ることを意味する。対馬の人たちは自然を取り込んで、自然と寄り添って生きている。

●サックブルド病

「上県地区は、サックブルド病の感染はまだ広がっておりませんが、この辺り（上島の南半分）の巣箱は全滅ですバイ」

扇さんの話に衝撃を受けた。この病気は巣板の蜂児が死ぬ病気で、現在では手立てがなく、成すがまま復活を待つしかないという。

対馬は下島と上島に分かれ、現在の蜂洞のほとんどは上島で行われている。その上島の南半分がサックブルド病のウイルスに侵されて営巣群が全滅しているという。その話は、野生生物保護センターでツシマヤマネコを見学していたとき、地元のケンちゃんという青年からも耳にしたから、間違いない。

ケンちゃんも保護センターの近くの自宅周辺で10群を飼っているし、保護センターの近くに置かれていた蜂洞では、蜂が盛んに通っていた。上島の北部はまだ大丈夫らしいが、いずれ汚染は広がるかもしれないとも聞いた。

したがって、上島の南部に位置する扇さんの蜂場は散々な有様で、自家消費分の蜜もない。そのことを知った壱岐の若い仲間が、自家消費分の蜜を届けてくれたという。

「感染が北へ広がる」という真意を確かめなかったが、それは保護センターの方角、ケンちゃんの蜂場へ拡大していくことだろうと考え、話を変えたが、いま思うと、本土に移って本土を北上するということかもしれない。

扇さんに、「現在、岐阜県周辺ではアカリンダニの感染拡大が深刻で、巣箱がダメになるほどです」と話したが、聞き流され別の話題になった。対馬にアカリンダニの感染はない。

この結果を仲間にメール報告した。


【安江】今日の午前中は、扇さんから聞きまくりました。写真の空の丸洞はサックブルド病（通称蜂児出し病）で崩壊したもので、内径は24㎝です。この辺り一帯（上島の下半分）はこのウイルスで、今年の営巣群はどこも崩壊してしまったそうです。

仲間からメールが届いていた。


【鈴木】サックブルド病とは初耳ですね。流行っているんですか？

【加地】　安江さん。その話で思い出しましたが、夏に私の巣箱で起きた蜂児出しは、もしかしてその病気だったのですか？
【安江】　蜂児出し病は〝病気〟です。その名前がサックブルド病です。ただし、蜂児出し行為は通常の飼育で見られますから〝病気〟ではありません。前回の蜂児出しが、もしも病気だったら、病気がその箱に限定されることはなく、周辺の飼育箱がそのウイルスに感染していたはずです。もし感染していたら、いまごろは岐阜県で大変な騒ぎになっているはずですから、あれは通常の蜂児出し行為でしたよ。

扇さんの蜂洞。高さ 75cm、穴の直径 24cm、厚さ 15cm の壁が目を引く。

蜂児出しはどの箱でも通常にあるが、サックブルド病は営巣中の蜂児（幼虫）が巣板の中で死に、営巣が崩壊するというウイルスによる恐ろしい病気だ。今回の対馬の上島南地区一帯がサックブルド病に侵され、対策がないという。みつばちのプロが何の手立ても打てず、嵐が過ぎ去るのを待つのはつらかろう。
その点、アカリンダニの感染対

策でご指導をいただいた前田太郎先生（農業生物資源研究所・主任研究員、農学博士）の研究が功を奏し、いまでは対策を講じれば、ある程度は防ぐことができる段階になっているのはありがたい。

●洋蜂は「おらんと」

対馬では、同じ場所に内地の養蜂場並みの蜂洞数を置いても採蜜できるのはなぜか？扇さんに聞いて疑問を晴らしたい。岐阜県において、1か所に20個もの日本みつばちの巣箱を置いて飼育することはない。何も知らなかった数年前の僕は、置くスペースがあるからと、10箱置いて夏に全滅に近い崩壊を経験した。

蜜限界数を超えて巣箱を置いても、蜂たちが食糧不足で共倒れするから置く意味がない。僕の蜂場に通年で5個以上巣箱を置くと、盗蜂、盗蜜、群勢衰退、逃去が起こり、スプーン1杯も蜜は採れない。

一方、ここ対馬の蜂洞はどうだ。1か所に10箱以上が普通に置かれている。まるで内地の洋蜂の養蜂場の風景だ。

「それで、対馬は洋蜂の養蜂家も多いのですか？」

「対馬には洋蜂はおらんとバイ」

「えっ、洋蜂はおらんとですか？」

「おらんと」と思わず口に出てしまった。すっかり、長崎弁に同化してしまっている。何を慌てているのか。自分を笑って、扇さんの言葉を待つ。

「洋蜂はおらんとよ。一部のイチゴ農家が受粉目的で本島（九州）から持ってきて使いよりますバッテン、受粉が終わると本島へ返すバイ。最近は日本みつばちが受粉効果がいいバッテン、イチゴ農家が日本みつばちを使いよる傾向もありますバイ」

扇さんの「おらんと」は、僕の胸に刺さったままだ。

そうか、対馬に洋蜂はいないんだ！

すべての謎が解けた気分だ。洋蜂が1匹もいない対馬なら、日本みつばちは自由に島の山並みに分け入り、好きな花の蜜を十分に採って我が世の春を謳歌する。蜂洞が20箱あっても、蜜を溜められるだけの密度の濃い蜜源がある。


僕の巣箱から4㎞以内にある洋箱は100箱を超える。夏から冬にかけ、体力をなくした巣箱に、洋蜂が来て群がる。巣箱を1日放置すると洋蜂が盗蜜に侵入し、巣箱は崩壊する。仕方がなく対策をとる。巣門を限界まで狭くし、離れた場所に巣屑交じりの二等蜜の給餌場を置く。巣箱をうかがっていた洋蜂は給餌場に移動し、巣屑水に付く。所有者不明の洋蜂の家宅侵入は正当防衛で刑に処す。我が家の洋蜂被害は毎年のように起こる。

洋蜂がいなければ蜜源が保証され、その結果強群をつくれる。強群づくりはスムシ対策と同義語だった。対馬では、蜜を採りすぎた蜂洞以外でスムシの侵入はないと納得した。洋蜂がいない島の日本みつばちは、競わずしてどの花にも訪花できる。謎が解け、虚脱感さえ漂う思いだ。飼育ノウハウを高める対馬の旅が、扇さんの「おらんと」であっけなく幕が閉じた思いだった。

「おらんと」は、いままで気付こうとしなかっただけかもしれない。

「日本みつばちだけのふるさと――対馬」のフレーズは、日本みつばちに興味を持った数年前から知っていた。もしかすると、「だけ」の隠れた部分に気付こうとしなかっただけかもしれない。その「だけ」は、洋蜂がいない対馬を説明していたのかもしれない。

対馬に洋蜂が1匹もいないことを知らされた瞬間、僕は、明らかに動揺したが、扇さんに動揺を察知されないように振る舞った。

仲間たちにメール報告した。

【安江】 さて、皆さん。質問です。対馬の養蜂人口は約1000人で、4000群を飼育しているそうです。その9割が丸洞で、重箱飼育は1割に満たないそうです。妻木町の平山名人の山中飼育と基本は同じです。蜂洞を1か所に20箱も置いて蜜が採れる（多い箱は7kg採蜜し、平均5kg以上）不思議がわかりました。何だと思いますか?

この質問に対するズバリの回答はなかった。

【鈴木】　何でしょうか？　暖かいから蜜源が豊富なのでしょうか？

【安江】　間違いではありませんが、正解は〝対馬に西洋みつばちがいない〟です。西洋みつばちのいない蜜源を想像してください。対馬には同面積あたりで内地の10倍の日本みつばちが訪花する蜜源があると想像してもらえば、対馬の日本みつばちの蜜度が濃い謎が解けます。

いい人を紹介してくれた対馬観光物産協会の人に感謝し、「おらんと」の後の時間は、たっぷりと扇さんのみつばち人生を聞いて帰路についた。

そして、仲間へのメール報告。

【安江】　みなさん。〝扇米稔〟を検索してみると、ＹｏｕＴｕｂｅで動画が見られます。庭先のキウイ棚の下で、扇さんにお話を伺いました。扇さんは対馬の養蜂に大きく影響を与えた人です。仔細は帰ってからとして、これより壱岐へ行く港に向かいます。

こちらの蜂の写真です。画像処理せずに送りました。拡大してみてください。僕の推測ですが、この対馬の蜂は、多分、岐阜県の東濃にいる2種類のうちの、いわゆる茶系の大きい奴と同じだと思いますが、どうでしょうか？　もっとも、扇さんに2種類説は否定されましたけど。

扇さんは、僕の日本みつばち2種類説をばっさり否定した。色の違い、体格の違いは営巣力の違いが影響した体力差で、季節と、巣箱の材質で蜂の色が変わるだけだと聞いた。そうかもしれない。大きめ、小さめ、黒め、赤めの違いを説明するには、扇さんの説は説得力がある。扇さんの意見を受け止め、次の質問に移った。

10 対馬のみつばち事情

巣門を出入りする対馬の日本みつばち。

●ツマアカスズメバチ
ツマアカスズメバチは、今年（平成27年）の夏に博多港で営巣を確認したが、その段階で駆除したから、まだ内地に上陸していない。まず、九州本島の水際で食い止める算段だそうだ。ツマアカは赤蜂程度の大きさで、群勢（蜂の数、巣の大きさ）

で赤蜂に勝る。しかし、ここ対馬でもシンコは共通の脅威の天敵頭で、ツマアカはさして脅威ではなさそうだ。

●蜜の価格

対馬の蜜の生産者単価は1升（1・8L）で2万円だ。kg換算すると約2・5kgで、単価で8000円なら、卸価格は岐阜より高くても納得の味だった。扇さんも阿比留さんも、僕が質問した蜂蜜の生産者価格について答えが同じだったから、これが対馬の平均値だろう。瓶詰めした小売り価格は倍以上になる。

韓国の人たちで賑わっていた厳原の対馬観光物産館で、棚に並んでいた蜜の価格は200g瓶が2600円だったから、メチャクチャに高いことはない。ホテルではどんな値段がついてるのかと気になったが、確かめる機会はなかった。

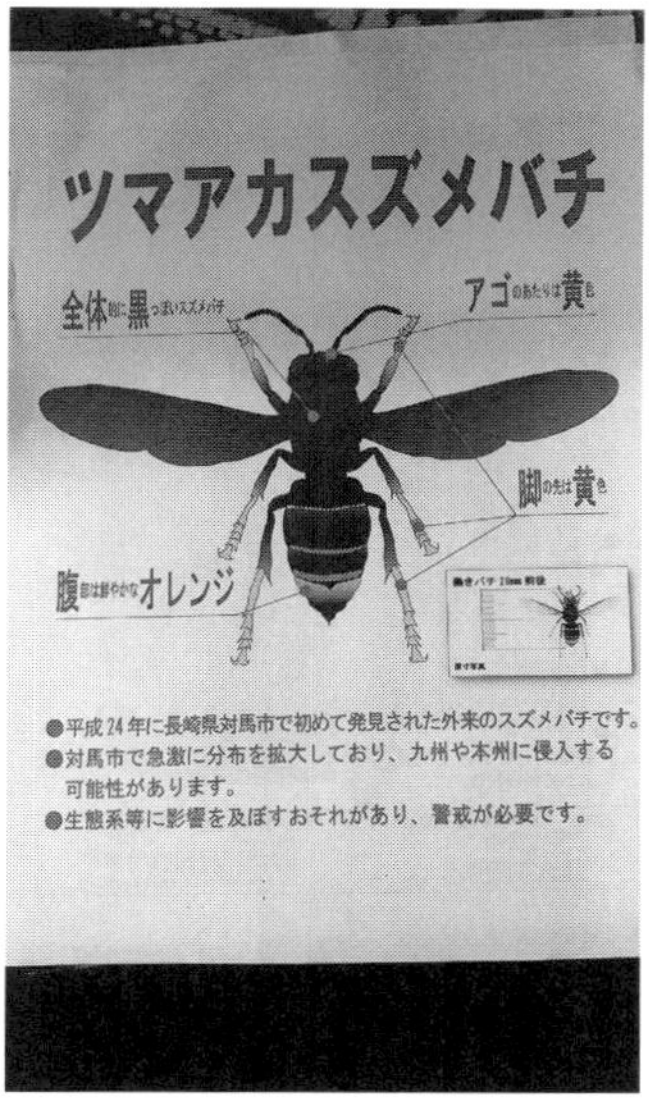

地元ではこのようなポスターで注意喚起している。

●採蜜

たった1泊の対馬の旅はサプライ

ズと不思議の連続だった。飼育箱の9割を占める蜂洞のほとんどの高さが75㎝もあり、切れ目のなく太くて長い1本の筒だ。重箱飼いでは、箱を足したり取ったり自在につなげて採蜜できる。

その重箱飼いに慣れている僕にとって、切れ目のない重たい筒は不思議だった。まず75㎝もの長い筒をつくれない。バーの長さ40㎝のチェーンソーを使って、両側から穴を開けても素人でピッタリ仕上げることはむずかしい。

次に、採蜜するときも不思議だった。時期が遅く採蜜を見ることはできなかったが、阿比留さんや扇さんは、上段の深さ15㎝を目安に蜂洞を倒し、上から蓋蜜の巣板をかき採って採蜜するという。重量感たっぷりの蜂洞の中に、蜜が満タンになったらさらに重いはずだ。その作業をする阿比留さんを想像することはできない。丸洞を3つに輪切りしてつなげば、丸洞づくりも容易で、最上段を取って採蜜することも簡単にできるのに。

●みつばちの楽園

対馬のみつばち事情は「洋蜂のいない島」だから「豊富な蜜源」があり、「日本みつばちを育む島」になる。島は9割を占める天然の森があり、1年を通じて温暖な気候に恵まれ、蜜源は豊富だ。

1000人を超える愛好家が4000群を飼育し、その2倍の蜂洞が島のいたる場所に設置されて、入居を待っている。

蜜を一部採りして戻せばそのまま営巣を続けるし、蜂洞が蜜で満タンになったら、蜂洞を横倒しにして上下を解放し全摘採蜜することもできる。蜂は固まっても舞い上がっても、近くの別の巣箱に必ず再入居する。自分の箱から逃去したとしても、対馬海峡の孤島から逃去することはない。

みつばちは森の樹洞より、愛好家のセットしてくれた蜂洞のほうが居心地がよい。それに何より、人間が天敵から身を守ってくれるのがいい。ツマアカや大スズメバチの攻撃は、みつばちだけではお手上げでも、島人がタモで捕殺して守ってくれるし、蜜枯れの冬は給餌までしてくれる。

熊に巣箱をひっくり返されたり、オフに洋蜂の襲撃を受け、挙句に仲間の盗蜂に遭う本州の環境と違いすぎて、ため息が出る。対馬の日本みつばちの個体の絶対数は島全体で守られ、蜜源限界最大数で繁栄し続けている。

11　蜜の味と垂れ蜜づくりの極意

【安江】　壱岐の愛好家を訪ねました。重箱も丸洞もよく通っていました。対馬で扇さんにいただいた蜜は、この壱岐島の蜜で、帰ってからサンプル用に小分けしてお渡ししますからお楽しみに。われわれの蜜より明らかにおいしいです。なぜだと思いますか？

このメールに5人の仲間が素早く反応した。皆、誰もが自分の採った蜜が一番うまいと信じているから、自分の蜜よりうまい蜜があることへの疑問となった。

僕はすかさずメールを返信した。

【安江】　われわれの東濃の蜂蜜よりもおいしいって、どんな味だろう？　という趣旨の質問に答えます。本土の日本みつばちは、9割の洋蜂のすき間をくぐって、1割の和蜂が洋蜂の残した花蜜を集めます。それも洋蜂に脅かされるストレスの中でです。

対する対馬や壱岐のみつばちは、すべての花蜜を好きなだけ、おいしいものから順に集めます。この違いが決定的な蜜のうまみの違いになって表れます。

このメールに加地さんが食らいついた。

【加地】　安江さん。洋蜂の訪花樹と日本みつばちの訪花場所はもともと競合せず、お互いが住み分けていると習った記憶があり、戸惑っています。洋蜂がいるかどうかは、そんなに関係あるのでしょうか？

続いて、串原の鈴木さんも抗議のメールだ。

【鈴木】　和蜂は特定の花蜜しか集めないいから競合しないはずじゃないですか。洋蜂がいてもいなくても、日本みつばちの蜜源は変わらないそうで。蜜の味は、その土地の百花の種類によって違うんじゃないでしょうか？

マスターはもっと辛らつな返信だ。

【仙石】へえー。うまいと甘いくらいの味覚しかないはずの安江さんが、こっちの蜜よりうまいと断じるなんてどんな味なのかなぁ。そういえば安江さんは出発前に風邪気味やったで、舌の感覚が鈍っていませんか。お体お大事に。

カチンときて皆宛てにグループメールを返した。

加地浩さん（右）と鈴木諒さん（左）。

【安江】洋と和の訪花樹は同じです。故郷の東白川村の前山集落など４㎞内に洋蜂がいない里山では（対馬とは気温や花の種類、量、質が違うとしても）、競合がないぶん巣板の成長が早く、良質の蜜が採れます。一般にいわれている洋と和の訪花の違いは、結果の傾向の違いです。つまり、体力も飛行能力も集蜜も劣る和蜂が、洋蜂が見向きしない草や木を訪れているさまを、講師や参考書が〝日本みつばちの好んで訪れる花〟と言っているにすぎません。好んで訪れているわけではなく、やむなく訪れているのが本音です。

追伸、師匠殿。こちらの蜜はおいしいです。営巣ストレスの少ない対馬ならではのうまみで、これは味音痴の僕でもわかりました。僕は元気です。

ストレスの有無が蜜のうまみに影響する云々は、出まかせで書いたわけではない。僕が週末だけの田舎暮らしをしていた10年前、東白川村の田口暁さんと共同でヘボを飼育していたころ、田口さんの奥様の二三子さんに、飼育と天然の2種類のヘボ同量を同じ味付けで料理してもらい、仲間5人で食べ比べた。

結果、5人全員が飼育ヘボのほうがうまいと軍配を上げ、明らかな違いを認め合った。これは飼育ヘボに与え続けた鶏肉や肝といった餌による味の差もあるが、飼育箱は天然巣と違って土出しがいらないことも含めて格段にストレスが少ないことによる差も、うまみに影響していると結論づけた。

●味比べ

壱岐の蜜と僕の蜜を味比べし、僕は完敗した。扇さんに勧められて壱岐の蜜を味見したタイミングで、持参した僕のサンプル蜜を味見してもらったところ、即座に見破られた。僕の蜜を嗅いだ扇さんは言った。

「この蜜、セイタカアワダチソウと山茶花の匂いがするバイ」

ご指摘は当たっている。試食用に持ってきた蜜は10月23日に採蜜したから、山茶花は入っていないかもしれないけど、アワダチソウは入っている。さすがは扇さんだ。味見する前の色味と香りの段階で、言い当てられてしまった。

「安江さん、採蜜はアワダチソウが咲く直前がベストバイ。こちらの蜜との違いはアワダチソウのせいですバイ」

山茶花とアワダチソウは、みつばちたちの越冬用の貴重な蜜源花だが、人間にとっては栗の花蜜と共に味を落とす花の筆頭格でもある。アワダチソウが咲く最中の巣箱の前は、通るだけで、強烈で不快な匂いなのだ。山茶花は総じてかび臭い。この匂いも蜜の味を落とす。山茶花は原種に近いほど匂いがきつい。来年の採蜜はアワダチソウが咲く直前にしよう。

壱岐の一升瓶の蜜（2.4kg）。

2つの蜜の味をスプーン1杯ずつ食べ比べたうまみの違いは、セイタカアワダチソウのせいばかりではない。壱岐の蜜は鼻につく匂いも癖もなく、さわやかなうまみがある。うまみの違いに驚いて、扇さんに尋ねた。

「いったい、この味の違いは何でしょうか?」

扇さんは僕の質問に応えず、

「バッテン、僕の蜜はもっとおいしいバイ」

僕は、みつばち仲間に扇さんの蜜を土産に渡したいから、適正価格で分けてもらえないかと懇願すると、「僕の蜜はないバイ、この辺りはサックブルド病で蜂はおらんバイ。この蜜は壱岐の仲間が届けてくれたバッテン」と言って一升瓶から小分けしてもらった。

●垂れ蜜づくり

「内地の採蜜方法はまちまちと聞いとりますが、僕らは垂れ蜜バイ」

そう言って説明された垂れ蜜のつくり方は、僕らの工程と変わらなかったが、話の途中で新たな発見があった。

僕が「巣板をはさみでチョキチョキ……」と垂れ蜜づくりの手順を説明していると、扇さんは僕を手で制してこう言った。

器の上に濾し布付きのザルを載せて、巣蜜を刻んで入れる。

垂れ蜜と蜜蝋づくり（左端が筆者）。

「対馬では、蓋蜜だけの巣板を丈夫な寸胴バケツに入れ、空気と混ぜないようにしゃもじで巣板をつぶすバイ」

しゃもじでバケツの中の巣板をつぶす、その工程は知らなかった。なるほど空気に触れさせなければ酸化を抑え、結果甘味も落ちないかもしれないとうなずく。

巣板をはさみで細かく刻み、濾《こ》し布を敷いたザルに入れる過程で、蜜はそのたびごとに空気に触れるから、わずかずつ酸化する理屈だ（写真左）。

扇さんの方法だと、空気に触れるのは最小限に抑えられる。もしかしてうまみの違いの原因になるかもし

フェリーから望む対馬海峡と壱岐島。

れない。試す価値はある。次回の採蜜に生かそう。

12 壱岐、そして帰路

雨の夕暮れに壱岐の波止場に着岸したフェリーは、博多港へと向かい、間もなく乗船場の照明も落ちた。職員は優しく温かく僕たちを気づかって帰っていく。誰かを見送ったと思しき中年の女性が、雨に濡れ、肩を落とし駐車場へ向かう。レンタカーが届くまで、この場を離れるわけにはいかない。雨の夕闇の波止場と残された老夫婦。よし、この状況は波止場演歌や！

鳥羽一郎でも口ずさむか。

翌日は晴れわたる。壱岐島は約140㎢で、対馬の5分の1弱の面積を持つ。レンタカーで回ったが、まだ博多行きフェリーの出発まで余

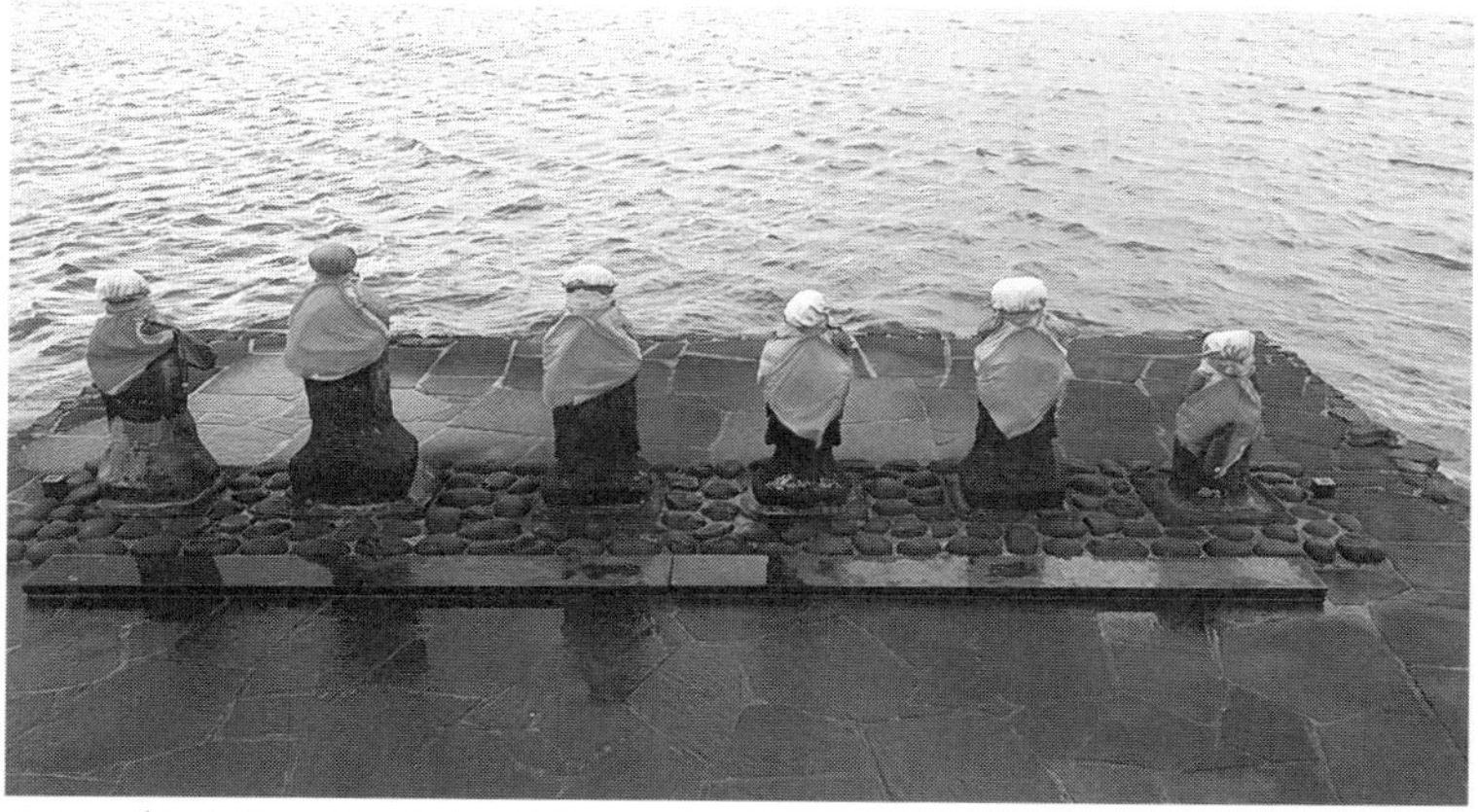

はらほげ六地蔵。六道（地獄・餓鬼・畜生・修羅・人間・天）において衆生の苦行を救うといわれる、海中に祀られた地蔵。写真は干潮時。

裕があったので、扇さんに分けてもらった蜂蜜の持ち主を訪ねた。狭い道を案内のまま少し走ると、巣箱が見え到着した。あいにくご不在だったが、庭先の巣箱は重箱で蜂洞がない。壱岐は重箱が主力らしい。庭先に置かれた3つの重箱に活発な蜂の通いがあった。

扇さんから、壱岐島では100箱を飼育していると聞いていたが、蜂場はどこにあるのだろう？　島のあちこちに点在しているのだろうなと、のどかな景色を眺めて想像した。

13　固有種を守る手立て

在来固有種の日本みつばちを、絶滅の危機から守る手立てはあるのか？

「あとがき」でも触れるが、それは対馬を旅して具体的に見えた。それは、「愛好家がいるから日本みつばちは守られている。日本みつばちの将来はわれわれの手に委ねられている」ということだ。

日本みつばちは人間と共生して生き延びた。これは紛れもない事実だ。近代化と引き換えに日本みつばちを絶滅の危機に追いやった人間が、いまはきわどいところで日本みつばちを守っている。両者にその意識があろうがなかろうが、日本みつばちと日本人は間違いなく共に暮らす関係だ。

●天敵から守る

日本人は神代の昔から日本みつばちの蜜を食して、代わりに日本みつばちに住居と、農作物や果樹の蜜源を提供してきた。その過程で、みつばちを天敵から守ってきた。僕は両者が釣り合った形で共に生きてきた姿を、対馬の旅で見てきた。対馬のみつばち飼育愛好家も、しつこく付きまとうスズメバチをタモで捕殺する。延々と巣箱を襲うスズメバチからみつばちを守っている。


対馬の赤蜂（キイロスズメバチ）はツマアカスズメバチによって駆逐され、絶滅した。では、食物連鎖の末端の日本みつばちがなぜ生き延びたのか？

そして、強者の赤蜂が、なぜ日本みつばちより先に消えたのか？

それは、ツマアカから赤蜂を守る人間がいなかっただけだ。日本みつばちは飼育者の巣箱で常に飼育者に守られ、人間の提供した蜜源を頼って生きているのだ。ときどきに自然帰りを繰り返しながら。

●住居を与える

対馬の日本みつばちは、蜂洞から逃去して自然に帰っても、また、蜂洞へ戻る。この環境がいまなお繁栄を続けている現実だ。もしも対馬に蜂洞がなかったら、もしも対馬に飼育者がいなかったら、とっくの昔にスズメバチに滅ぼされ絶滅したと想像できる。

対馬に洋蜂がいないことは、日本みつばちの繁栄の重要な要因だ。対馬の面積（約700㎢）は、岐阜県の中津川市（約670㎢）とほぼ同じだ。しかし、対馬は洋蜂がいなくて、中津川は日本みつばちの個体数が対馬の1割にも満たない。

その意味で「日本みつばちを育む対馬の深い森」のキャッチフレーズは、マスメディアの造語でしかない。

対馬の日本みつばち事情は、本質において本州の縮図だ。僕はある山奥の絶好の環境に待ち箱を置いて3年待ったが、入居はしなかった。食物連鎖のバランスが保たれていた昔ならまだしも、いまの山奥に天然群はいない。その代わり、居場所を里山にして人間と共生する道を選んだ群が、息をつないで現在に至っているのだ。

周りの自然営巣群を5年、6年観察しただけの浅い経験からでも、わかったことがある。どんな好環境下の自然営巣群でも、5年、6年と連続して営巣し続けることはない。普通3年で逃去か崩壊する。ただし営巣歴のある場所（箱）の再入居率は高く、1年か2年後に再入居する。

飼育箱と周辺の1㎞以内の自然群を観察すると、自然群がいなくなった時期に重なって、待ち箱に入居していたり、巣箱から逃去した同時期に、営巣歴のあった空の自然洞に入居したりしている。日本みつばちは、こうしてわれわれの巣箱と営巣歴のある自然洞を行き来する。

われわれの地域の個体数は対馬の1割にも満たないが、事情は同じだ。彼女たちは機嫌が悪いと飼育箱から逃げていき、いつかまた巣箱へ戻ってくる。

●みつばちと人との共生

日本みつばちと人間の距離感は、野良猫と人間の関係に似ている。僕は個体数を減らしたツシマヤマネコを、対馬野生生物保護センターで見てきた。ベンガルヤマネコの血を引くツシマヤマネコは、紛れもない野生猫で、家猫とは別者だ。家猫が野良猫になっても、決して野生猫にはならない。この野良猫と人間社会の距離感が、日本みつばちとの距離感に似ているると思うのは僕だけだろうか。

日本みつばちは、明治になってから人間の都合で養蜂種として見捨てられ、個体数を減らしてきて、いま、限界ギリギリで個体数を維持している。これは愛好家の飼育のたまものだ。個体数を増やすには愛好家が増えればよい、という簡単な話ではないが、種の保存に役立つことは確かだ。

日本みつばちを守るには、愛好家と飼育地域の拡大がカギになる。養蜂家の洋蜂と住み分けることができればよいが、生業の経済活動に関わることはむずかしい。ならば、対馬の愛好家に学ぶことだ。対馬のように日本みつばちの飼育が、一定の副業的価値に高まればよい。菜園の野菜づくりと同じ感覚だ。趣味が実益を伴えばよい。その意味で日本みつばちの養蜂をほぼ生業にまでしている人たちは、その道の先駆者と評価されていい。

蜜の消費拡大も重要だ。日本みつばちの蜂蜜を購入して食する消費者が増えることは、副業的な価値を見出した愛好家が増えることにつながる。それは結果として、固有種の保存に貢献する。日本みつばちの蜂蜜を購入してくれる消費者も、間接的に種の保存に一役買うことになろう。

日本みつばちと暮らす人間。それは里山集落の農民に加えて、いまは愛好家の存在は大きい。愛好家の中には多くの蜜を生産することだけに興味を示し、「固有種の保存」などに無関心な人もいるが、彼らに固有種を守る意識がなくても、飼育さえすれば種の保存に貢献することに変わりない。

冒頭の元養蜂家が嘆いていた。

「ブームに乗って素人の愛好家が増えた。素人は失敗を繰り返している。そのうちに蜂がおらんようになってしまう」

だが、それは間違いだ。日本みつばちが巣箱から逃去することを、死滅させたと思うこと自体が幼稚だ。たとえ逃去しても、電柱の中で生き延びて翌春に子別れもする。そしていずれ巣箱に戻ってくる。

それに飼育は、素人も玄人も大した変わりはない。日本みつばちが個体数を減らすのは、ミクロ眼では環境汚染が見え、マクロ眼なら養蜂の洋蜂化が見えた。

日本みつばちを絶滅の危機に追いやるのは、素人の飼育ではなく、洋蜂の存在なのだ。これはどうしようもない現実だ。近代化を進めた資本も、文明も、日本みつばちを絶滅の危機に追いやった側だが、責めることも、その是非を論じることもしない。

養蜂家は間違いなく消費者の求める品質の高い蜜を廉価に提供した貢献者だし、近代資本や近代文明は人間に豊かな暮らしを提供した。

それに固有種だろうが、野生種だろうが、日本みつばちが絶滅しても、たった4年で国土の受粉システムが崩壊し、作物の生産に支障が出るなんて思う人は少数なのである。

おわりに　～日本みつばちの飛ぶ風景を求めて

3年前の晩秋、はじめて成瀬さんの茶畑に行き、バルコニーから広大な茶園や茶園を囲む雑木林を見て、無農薬の茶畑を訪花する日本みつばちの謳歌を夢見た。

「こんな好適地なら、飛行距離の短い日本みつばちでも20箱の飼育は可能です」

当時、こんなことを言ってしまったが、いまでは間違いだったといえる。

日本みつばちのユートピアになると期待し、信じていた無農薬茶園周辺には、想像したほどの濃い蜜源はなかった。蜜限界は存在する飼育数によって違う。生産性が高くて総合力の上回る洋蜂が、蜜源を占拠してしまうことは、対馬の旅で確認した結論でも、物理的な日本みつばちの訪花能力の低さは嘆くしかない。でも、洋蜂を責めてはならない。

多くの蜜を採る魔法を求め、対馬を旅したのに「洋蜂がいない」という意外で単純な答えに肩透かしを食らい、途方に暮れた。養蜂家は限界まで洋蜂の巣箱を増やすが、その陰で在来固有種の生息地は減る。何とも悲しい現実だ。日本みつばちは、絶滅しない程度で生きながらえるのか、絶滅するのか。日本みつばちブームはさまざまな問題を抱えながら、種の保存の役割を担って、一定の成果を出している。

僕は、あらゆる地域に日本みつばちの愛好家が増えることを切に願い、ささやかな策を試み始めた。それは、まだ洋蜂のいない集落に日本みつばちを飼育してもらうことだ。日本みつばちだけが適切な飼育数で飼育されている集落に、生業の洋蜂養蜂家が新規参入することはない。洋蜂のいない環境こそ、種を保存できる。1か所でも多くの場所に日本みつばちが飛ぶ風景をよみがえらせて、絶滅のリスクを減らす。


好環境の対馬では、半世紀も変わることなく日本みつばちの蜂洞飼育が続いている。対馬の好環境においては高い飼育技術を求める土壌は薄く、成瀬さんが猛勉強で習得された飼育技術に勝るものはなかったに等しい。

日本みつばちが謳歌する対馬の風景は、内地でも昭和の初めまでの里山なら、どこでも見られた風景だっただろう。もはやこの景色は取り戻せないが、固有種の野生蜂を守る手立ては、まだある。

それは、人間が飼育を続けることだ。

2016年7月　安江　三岐彦

【付録】安江式用語解説

あ

家康方式（いえやすほうしき）
群を捕り込む方法の1つ。待ち箱（トラップ・待受箱）を置いて自然に入居させる。群の定住性はもっともよい。丸洞、空の飼育箱を組み合わせたハイブリッド式（ハチポン）も家康方式の範疇になる。

営巣（えいそう）
みつばちは暗い閉鎖空間に好んで営巣（巣づくり）する。ほかの蜂が上下に平行に数段の巣板を形成し、蜂児が縦に向くのに対して、みつばちは縦に長い数枚（8枚〜）の巣板を下へ形成する。蜂児や蜜層は縦の巣板の両側に横向きに形成される。

越冬・越冬種箱（えっとうたねばこ）
冬の間、保温材で巣箱を覆うなどして越冬させる飼育箱。給餌などの対策を講じ、翌春の分蜂を促す巣箱。増箱を目的に採蜜を控えた飼育箱。

王台（おうだい）
新たな王を育てる特別な巣房。働き蜂の巣房より大きくて頑丈。日本みつばちは巣板の最下部に3〜7個をつくる。

か

花粉蜂（かふんばち）
みつばちは食材にするために、主に花蜜と花粉を採取して巣に運ぶ。特に花粉は保存栄養源で、花粉を運ぶ蜂の数で群の営巣サイクルを予測できる。花粉は後ろ足の「花粉かご」と呼ばれる部分に丸めて団子状にして運ぶ。

給餌（きゅうじ）

蜜源の枯渇・不足を補うため、主に冬期に人為的に与える砂糖水や蜜のしぼり屑。巣屑。

金陵辺（きんりょうへん）

日本みつばちの分蜂群を誘引するシンビジュー ム属の東洋蘭で、洋蜂の分蜂群は反応しない。30数種類のうち、原種ほど誘引力がある。ほかにミスマフェット、デボニアナム、ハニービーなどがある。

K・ウイング

アカリンダニ汚染の特徴の1つで、ほかには徘徊、大量死がある。K・ウイングは、体の器官に無数のダニが増えて羽が閉じられない状態をいう。主な対処法は、早期発見し巣箱へメントールか蟻酸を投与する。

コロニー

営巣する群全体をいう。

さ

採蜜（さいみつ）

巣から蜜を採取すること。通常翌春もしくは秋に採蜜する。重箱は最上部の蓋蜜層を垂れ蜜で採取する。

サックブルド病（蜂児出し病（はちこだしびょう））

孵化した後の蛹になる前の蜂児（幼虫）が袋状で頭に水がたまった状態で死ぬ、感染力の高い病気（SBV）。具体的な汚染地域は今回の対馬で知った。通常の営巣中の蜂児出しは病気ではない。

次女王（じじょおう）

一般に越冬箱の母王群が育てる新王は3個前後（6～7個で間引きも）。母王は最初の王（長女）が生まれると子別れ（第1分蜂）して巣を出る。その3～10日以内に、次の王（次女）が生まれ、長女王が分蜂（第2分蜂）する。三女王が誕生すると次女王が子別れ（第3分蜂）して巣を出る。

重箱・重箱飼育（じゅうばこしいく）

飼育箱の種類。巣板が成長する都度に継ぎ足す箱。大きさは20～30㎝角×高さ15～25㎝とさまざま。

集蜂板（しゅうほうばん）

分蜂群が留まって蜂球形成を促す板。枝下などに留まる習性を利用した板。飼育箱の近くの手の届く位置に吊るす。木板か、木板に桜・杉皮・古竹などを貼ったもの。大きさは30～40㎝角。

処王（しょおう）

未交尾の新王。第3分蜂以降の分蜂群に処王が出やすい。処王の群をハチ・マイッターで閉じ込めると、逃去行動や働蜂産卵を招き、営巣崩壊につながる。

新王（しんおう）

新しく生まれた女王。最初に子別れする群（初分蜂・第1分蜂）の王は越冬した母王の群で、第2分蜂群（長女王）以降に出る群の女王を新王という。例えば、第3分蜂群は次女王の群が出るから、元の巣箱は3女王が引き継ぐ。

シンコ・マイッター

ハチ・マイッターの柵幅を5㎜に広めたもの。夏から秋のスズメバチ侵入防止用に巣門に装着して使用する。

新箱（しんばこ）

新たに群が入った飼育箱で、新蜂が入った使い古した箱も新箱になる。

巣落ち（すおち）

飼育箱の設置場所が高温すぎるときや、箱の中に巣落ち防止棒を入れていないとき、横揺れ、転倒など、巣板の重さに耐えられないときに巣板が落ちる。日本みつばちの巣板は高温に弱い。

巣屑（すくず）

巣板の蜜をかじって落とした屑。巣づくりした欠片や蜜を搾って残った屑。巣屑は蝋やブンブンエキスなど誘引剤の材料にする。

スズメバチ

みつばちの天敵。大スズメバチ（シンコ）は国内最大級の蜂で攻撃力はすさまじい。東濃地方には5種類のスズメバチがいてキイロスズメバチを通称赤蜂という。大陸から対馬へ渡ったツマアカスズメバチは、対馬の赤蜂を絶滅させた。

スズメバチトラップ

スズメバチは蜜の匂いを嗅ぎつけて飛来し、巣箱を襲う。不在中のスズメバチ対策として、巣門に金網式のスズメバチトラップ（自動捕獲器）を装着し、近くに誘引液を入れたボトルタイプの捕獲器を置く。ゴキブリホイホイも巣箱の上に置けばスズメバチ捕獲に役立つ。

巣箱（すばこ）

飼育箱の総称。丸洞（蜂洞）飼育、重箱飼育、横箱飼育など。容積・寸法も各自で異なる。

巣脾（すひ）

養蜂用語。みつばちの体内から分泌した蜜蝋でつくられた巣をいう。

スムシ

ハチノツヅリ蛾の幼虫。巣箱の巣屑や巣板に産み付けた卵から孵化した虫。巣虫。体長1㎝と3㎝の2種類がある。

巣門（すもん）
みつばちが巣箱を出入りする人工の巣穴。縦穴、横穴、寸法や形態は各人各様。一般に穴幅を4～5㎜に縮めてスズメバチの侵入を防ぐ。

扇風行動（せんぷうこうどう）
蜜に含まれる水分を飛ばす、室温を下げるなどの目的で羽ばたいて巣に風を当てる行動。巣門前の扇風の方法は、洋蜂は巣箱に向かって、日本みつばちは巣箱を背にする。

た

第1新箱（だいいちしんばこ）
初分蜂群を捕り入れた飼育箱。母王群の巣箱。

第1分蜂〔群〕（だいいちぶんぽう）
春の最初に子別れして出る母王の群。

代理王（だいりおう）
何かの理由で群に女王がいなくなる（無王状態になる）と、まれに複数の働き蜂が女王を代理して産卵する行動が見られる（働蜂産卵を参照）。正常な産卵は1つの巣房（産卵室）に1個の有性卵を生むが、この場合は複数の代理王によって1つの産卵室に多数の無精卵を生むため、孵化した無数の蜂はすべて小型の雄になり、群はやがて崩壊する。

代理産卵（だいりさんらん）
働蜂産卵に同じ。

縦箱・縦箱巣箱（たてばこすばこ）
横箱飼育に対し、縦型の飼育箱をいう。丸洞や重箱飼育も縦箱巣箱の範疇。

種箱（たねばこ）
翌年の分蜂を促す目的で越冬した飼育箱。越冬させる巣箱。新箱群の元の巣箱。

タモ
樹の枝や集蜂板に形成した蜂群を捕り込む網。蝶やトンボ、魚をすくう網を、蜂球を捕獲しやすく改造したもの。農作物の収納袋や厚めのビニール袋などで工夫する。

垂れ蜜（たれみつ）
細かく刻んでつぶした蜜層を、濾し布を載せた容器の上のザルに置いておくと、垂れ蜜ができる。日本みつばちは巣板がもろいため、遠心分離機を使わない。

長女王（ちょうじょおう）
分蜂した母王の後を継ぐ王、越冬箱の中で最初に誕生した女王。第2分蜂の王。

定住性（ていじゅうせい）
巣の内壁にプロポリスを形成して巣箱に定住しようとする洋蜂の性質。日本みつばちの逃去性に対していう。

天敵（てんてき）
日本みつばちの天敵は、スズメバチ、熊、ツバメ、スムシ、洋蜂、トンボ、カマキリ、カエル、ヤモリ、など。

逃去・逃去性（とうきょせい）
群が営巣を捨て、巣箱から逃げ去る性質。スズメバチの襲来、悪臭、振動、騒音など営巣環境の悪化に伴って起こる。日本みつばち特異の性質。

働蜂産卵（どうほうさんらん）
王を失った群（もしくは無王群）の働き蜂が代理して産卵する（代理産卵）。複数の働き蜂がそれぞれ無精卵を生むので、1つの巣房（産卵室）に複数の卵を生み、3週間後に大量の小型の雄蜂が生まれて巣箱はやがて崩壊する。

盗蜜（とうみつ）
スズメバチ、洋蜂、日本みつばちの間で起こる、ほかの巣箱の蜜を盗む行為。蜜源不足の春先や夏に多い。盗蜂と同じ。

な

内検（ないけん）
目視、カメラ・ビデオなどで巣箱の内外を点検して群の状態を把握すること。巣屑を掃除してスムシの発生を最小限に抑える、分蜂時期を予測する、天敵の有無を知る、などの日常の点検管理もいう。

夏越しの和蜜（なつごしのわみつ）
洋蜂の単花・短期間ごとの採蜜に比べ、貯蜜量の乏しい日本みつばちの蜂蜜は、普通年1回、秋に採蜜する。その結果、洋と和の蜜は、熟成期間の有無、味覚の違い、酵素成分の違い、糖度の違いとなり、洋蜜と異なる蜜となる。

熱殺蜂球形成（ねっさつほうきゅうけいせい）
数十匹の日本みつばちが1匹のスズメバチを団子状の塊にして熱殺する。その温度は4分以内に46度になるという。洋蜂にない日本みつばち特異のスズメバチ対抗攻撃技。

信長方式（のぶながほうしき）
改造掃除機で群の蜂を吸い取って巣箱に移すなど、天然群を巣箱に移す方法。略奪感もあり成功率は低いが、薬剤死から群を守る手段として用いる。

は

ハイブリッド式（ハチポン）
丸洞の上に蓋付きの重箱を載せた家康方式の待ち箱の一つ。入居後は蜂の入った重箱を巣箱の基台に載せ替える。ほかの蜂移しに比べ、蜂のストレスは低い。

箱足し（はこたし）

重箱飼育では巣板の成長に合わせて重箱を継ぎ足すことで、最適な空間を成長に合わせて随時提供できる。積み足す重箱は、巣箱の下段と基台の間を切り離した中へ継ぎ足す。

働き蜂（はたらきばち）

真社会性昆虫のみつばちは、春のひとときだけ雄をつくるほかは、1匹の女王と数万匹の働き蜂の女系社会で、役割は決まっている。2〜3年寿命の女王は一生を産卵に終始し、約50日の寿命の働き蜂は前半分を内勤（蜂児の世話や貯蜜などの巣内の仕事）し、後半分は外勤（主に訪花し蜜や花粉の採集）の役割を担う。

蜂キチ（はちきち）

長野県や岐阜県に多い蜂追いの熱中人を蜂キチという。海に面しないこの地方では、スズメバチやみつばちの巣を掘り出して、蜂の幼虫を食す里山の食文化が残っていて、ヘボ（クロスズメバチ）追いや赤蜂、シンコ捕りを趣味にする人は多い。蜂追いは、蜂に綿を絡ませた肉団子をくわえさせ、綿を目印に蜂を追って、巣を探す。蜂を追う時期は限られるので熱中する。

蜂児出し行動（はちこだしこうどう）

普通の健康な巣箱で、孵化して出た後の空の蜂児層を蜜の貯蔵層に改造する。その際にまばらに孵化遅れの蜂児がいると、働き蜂によってつまみ出されることがある。これを蜂児出しという。一方で、蜂児がウイルスに感染して死ぬことで蜂児が巣箱の外へ大量に出されると、サックブルド病（蜂児出し病）を疑ったほうがいい。

蜂の鎖（はちのくさり）

訪花から帰った外勤蜂は、花蜜を内勤蜂に（巣までを歩くことなく）口移しで渡す。その際に群勢の強い巣箱は巣から巣底までを蜂と蜂が絡み合って鎖のようにつながる現象が見られる。蜂の鎖の見られる箱は口移しの頻度が多く、その分、蜂の体内の酵素が花蜜に溶け品質の高い酵素蜜になるといわれている。

ハチ・マイッター

3・8㎜間隔の金属柵の女王逃亡防止装置で、巣門に装着すると働き蜂は通うが女王は通れないから「蜂参ったー」となる。新箱に装着して営巣が安定するまでの逃去防止策で、安定したら装置を外す。スズメバチトラップとは用途が異なる。

B401・BT剤

孵化直後のスムシの幼虫を駆除する外国製のバイオ農薬。みつばちや人間には無害。

飛行距離（ひこうきょり）

訪花に飛ぶ直線の限界飛行距離、飛行能力（訪花距離ともいう）。洋蜂は最大4㎞、日本みつばちは2㎞といわれる。実際の日本みつばちの訪花距離は1㎞前後だろう。

秀吉方式（ひでよしほうしき）

分蜂群を捕り込む方法の一つ。集蜂板や木の枝下に蜂球を形成した群を、タモや巣箱に落とし入れて捕獲する。合理的で一般的な捕獲法。タモは、網の深さや厚めのビニール袋など工夫を凝らす。

百花蜜（ひゃっかみつ）

さまざまな花の混合蜜。5か月以上の期間、温度32度を超える巣箱から採蜜した百花蜜は、熟成度の高い酵素蜜といわれ、洋蜂の単花蜜（短期間採蜜）と味覚は異なる。

藤原誠太（ふじわらせいた）

岩手県盛岡市の藤原養蜂場三代目場長。「日本在来種みつばちの会」の会長で、近年の日本みつばちブームの立役者。昭和32年、岩手県盛岡市生まれ。東京農業大学農業拓殖学科在学中に北南米で養蜂を研究、帰国して独自に日本みつばちの飼育法（藤原式）を開発し、銀座のビルの屋上で日本みつばちを飼育して注目を集めた。

蓋蜜（ふたみつ）

みつばちは、集めた蜜に羽を震わせて風を当て水分を飛ばし糖度を高める。糖度が約78度以上になると、巣房に蓋をして貯蜜する。蓋蜜は糖度、酵素ともに品質の高い最高の蜜になる。

プロポリス

西洋みつばちが木の芽や樹液、あるいはその他の植物源から集めた樹脂製混合物（蜂ヤニ）で、巣の周りに形成する営巣材成分をプロポリスという。抗酸化作用があり、西洋みつばちの定住性と関係が深い。対する日本みつばちはプロポリスを形成しないことが逃去性に関連する。

ブンコ

丸洞飼い、蜂洞飼育、山中飼育の九州地方の呼び名。

ブンブンエキス

巣屑から蝋を採取する工程で、蝋と屑を取り除いて濾した液体。液には蜜や営巣臭が溶け込んでおり、分蜂群やスズメバチ、ツヅリ蛾の誘引材になる。

分蜂（ぶんぽう）

女王は、新王が生まれると一部の働き蜂を連れて巣を出る。それを分蜂といい、分封とも書く。普通1年に2～5回分蜂する。その初分蜂は越冬した母王群で、生まれた順に長女王（第2）、次女王（第3）と続き、5回分蜂した種箱の王は5女が引き継ぐ。

ヘボ

クロスズメバチ。黒色で白色の帯模様がある小型のスズメバチ。体長は女王が15㎜、働き蜂10～12㎜、オス12～14㎜、地下に営巣する（地蜂）。長野県、岐阜県の里山に伝承する蜂追い文化は、ヘボ文化と重なる。巣は食用になる。

閉鎖空間（へいさくうかん）

崖や高い木の枝の解放空間に営巣する大みつばちに対し、東洋小みつばち属の日本みつばちは、暗くて狭い空間に営巣する性質を持つ。

変成王台（へんせいおうだい）

働き蜂は女王不在と認識すると、変成王台をつくる。働き蜂が代理で女王を産卵するときに形成される王台。

蜂球（ほうきゅう）

子別れして出た分蜂群が集蜂板や樹木の枝に留まり一時的に蜂球を形成する。一時的に木の枝などに固まって留まるのは、次の営巣先が決まるまでの間といわれる。蜂玉と同じ。

蜂球形成（ほうきゅうけいせい）

分蜂群は普通次の営巣場所へ移動するまで一時的に、木の枝などに留まって固まる習性がある。洋蜂は木の葉の茂る枝先に蜂球をつくることが多い。

ホバリング

まとまった数の蜂群が巣箱前に留まって出入りを繰り返す行為。巣箱の位置を記憶するなどの新蜂の飛行行為と、分蜂間近の飛行準備がある。

ま

孫分蜂（まごぶんぽう）

分蜂時期が早く、群勢も豊かで容積に制約のある巣箱では、新箱の年に再分蜂をすることがある。元の種箱から数えて、孫分蜂で、夏分蜂ともいう。

待ち箱・待受箱（まちばこ・まちうけばこ）

分蜂群（逃去群）を自然に捕り込む空の巣箱。丸太のくり貫き箱や空の飼育箱、2つを組み合わせたハイブリッド（ハチポン）などがある。

丸洞箱（まるどうばこ）

樹の中をくり貫いた空洞を巣箱にする。蜂洞も同じ。日本みつばちの分蜂群の営巣空間になりやすい。容積は樹の大きさで不揃いになるが、大（40L）は飼育箱に、中（30L）は待ち箱に、小（20L以下）はハイブリッドにと用途を使い分ける。

未交尾の産卵（みこうびのさんらん）

処王、働蜂産卵を参照。

蜜源・蜜源限界（みつげんげんかい）

営巣に必要な樹花、草花の総量、面積。飼育箱が増えると蜜源限界は狭くなる。

蜜源植物（みつげんしょくぶつ）

訪花する樹と草の総称。花の違いや年輪の有無で蜜の味や成分が異なる。日本みつばちからは、均一の蜜は採れない。

蜜蝋（みつろう）

巣屑から採取してつくる。ろうそく、化粧品、ワックスの原材料にもなる。群を誘引する目的で巣箱や集蜂板に塗る。和蜂と洋蜂の蝋の成分は異なる。

無王・無王群（むおうぐん）

営巣群や蜂球形成群の中に女王がいない状態。理由はさまざま。

基台（もとだい）

重箱式の飼育箱の（巣板の成長に合わせて重箱

を積み重ねる）土台となる箱。巣門や給餌口、内検するのぞき穴がある。

元箱（もとばこ）
越冬した種箱。新箱に対して元の箱。分蜂後に営巣する箱。

や

誘引剤・誘引蘭（ゆういんざい・ゆういんらん）
女王のフェロモン臭に似た集合成分剤を練り込んだワックスを誘引剤、日本みつばちの分蜂群を誘引する効果のある蘭を誘引蘭という。

横箱（よこばこ）
横型の巣箱。おおよそで間口は25㎝角、奥行60㎝、容積40Lが基本。重箱に比べて管理が容易で、手間取らない利点がある。プロ向きといわれている。

ら

老王（ろうおう）
加齢により産卵活動が停滞した女王。寿命の近い王。

■著者プロフィール

安江三岐彦（やすえ みきひこ）

パートナー保険　取締役会長
ＮＰＯ法人東濃日本みつばちの会理事
蜂サミットの会会員

1946 年に岐阜県東白川村に生まれる。サラリーマン生活の後、1980 年に保険代理店を開設し、現在はグループ会社 2 社 1 支店を展開中。
東白川村で週末だけの里山暮らしを始めた 20 年前（50 歳のとき）、沢クルミの大木の幹に自然営巣している日本みつばちと出合った。還暦を迎えた年から飼育に熱中し、現在は毎日が日本みつばちを中心に動いている。
2016 年 5 月 31 日：ＮＨＫ岐阜「ほっとイブニングぎふ」に出演し、採蜜を実演。
2017 年 1 月 20 日：中日新聞「文化・ぶんぶん人類学」で日本みつばち飼育の取材記事が掲載。
著書に『美濃・東白川村に生まれて』（合同フォレスト）がある。

■筆者の推薦する関連書籍
『我が家にミツバチがやって来た―ゼロから始めるニホンミツバチ養蜂家への道』高文研、久志冨士男
『ニホンミツバチ―北限の Apis cerana』海游舎、佐々木 正己
『ひとさじのはちみつ―自然がくれた家庭医薬品の知恵』マガジンハウス、前田京子

組　　版　八尋　遥
装　　幀　株式会社クリエイティブ・コンセプト
写真提供　仙石　晃、成瀬三郎、黒田裕子、安江　巧

僕の日本みつばち飼育記
～里山は今日も蜂日和～

2016 年 8 月 31 日　第 1 刷発行
2023 年 5 月 10 日　第 3 刷発行

著　者　　安江　三岐彦
発行者　　松本　威
発行所　　合同フォレスト株式会社
郵便番号 184-0001
東京都小金井市関野町 1-6-10
電話 042（401）2939　FAX 042（401）2931
振替 00170-4-324578
ホームページ https://www.godo-forest.co.jp
発売元　　合同出版株式会社
郵便番号 184-0001
東京都小金井市関野町 1-6-10
電話 042（401）2930　FAX 042（401）2931
印刷・製本　株式会社シナノ

ISBN 978-4-7726-6071-6　NDC 646.9　188 × 130